雅舍清池

家庭庭院池塘设计与打造

[英] A.&G. 布里奇沃特（A.&G.Bridgewater）著
李娟译

中国水利水电出版社
www.waterpub.com.cn
·北京·

内 容 提 要

如果你幻想在自家院子里有一汪小池塘，不论是以水缸为基础的迷你水池，还是带有喷泉的水景，甚至是可以吸引野生动物的大池塘，现在是时候实现你的梦想了！这本书将带你了解在庭院中打造一个池塘的所有流程，从选择工具、材料到设计和修建，以及如何种植养护植物、吸引野生动物等。最后你将打造出美丽而独特的池塘庭院，供一家人欣赏。

北京市版权局著作权合同登记号：图字01-2018-6626号

图书在版编目（CIP）数据

雅舍清池 ：家庭庭院池塘设计与打造 / （英） A.&G. 布里奇沃特著 ； 李娟译. -- 北京 ： 中国水利水电出版社，2020.11
（庭要素）
书名原文：PONDS
ISBN 978-7-5170-8971-1

Ⅰ. ①雅… Ⅱ. ①A… ②李… Ⅲ. ①庭院－景观设计 Ⅳ. ①TU986.2

中国版本图书馆CIP数据核字(2020)第199848号

策划编辑：庄晨　责任编辑：王开云　加工编辑：白璐　封面设计：梁燕

书　　名	庭要素 雅舍清池——家庭庭院池塘设计与打造 YASHE QINGCHI——JIATING TINGYUAN CHITANG SHEJI YU DAZAO
作　　者	［英］A.&G. 布里奇沃特（A.&G.Bridgewater）著　李娟 译
出版发行	中国水利水电出版社 （北京市海淀区玉渊潭南路 1 号 D 座　100038） 网址：www.waterpub.com.cn E-mail：mchannel@263.net（万水） sales@waterpub.com.cn 电话：(010) 68367658（营销中心）、82562819（万水）
经　　售	全国各地新华书店和相关出版物销售网点
排　　版	北京万水电子信息有限公司
印　　刷	雅迪云印（天津）科技有限公司
规　　格	210mm×285mm　16 开本　5.25 印张　162 千字
版　　次	2020 年 11 月第 1 版　2020 年 11 月第 1 次印刷
定　　价	59.90 元

前言

水是我们最珍贵的资源，也是最诱人的自然元素。水具有令人无法抗拒的神奇特质，能让我们快乐，浪漫喷泉的美景和流水声也许能让我们有所启发，坐在汩汩流水的小溪旁，能够缓解压力。神秘的湖泊、汹涌的大海、波光粼粼的清澈泉水，还有孩子们兴高采烈地在水洼里踩水、在浅池中戏水的场景，这些景象总能激发艺术家和诗人的创作灵感。

曾经，池塘或水景仅仅是富人能享有的，因为挖土、用黏土填充池塘衬垫、装配气泵将水抽到四周都是花费较大的事宜。但现如今，新技术已经将用水取乐和装饰完全变成了较为平常的工作。随着柔性衬垫、小型低电压电动泵和塑料管道引入到池塘修建中，这一切都变得可能了。

所以，如果你幻想在自家院子里加一点水景，不管是小水缸、喷泉还是吸引野生动物的大池塘，现在是时候实现你的梦想了。本书将告诉你建造池塘庭院的所有项目流程，从选工具、材料到设计和修建，种植植物、吸引动物，在这之后，你将打造出美丽而独特的水景，供一家人欣赏。

注意事项

很多项目和环节都可能有危险，请注意以下几点，提高警惕。

儿童和池塘

学步儿童喜欢玩水。如果你家里有儿童或有儿童来访，绝对不要留儿童独自玩耍，要时刻注意他们是否身处危险中。

建设中的安全问题

有些环节本身就很危险，比如抬起重物或使用铁锤，最好慢慢来，跟家人一起工作。

电气安全

在抽水泵和电源之间一定要使用断路器。

关于作者

作为成就斐然的园艺和主题广泛的DIY书籍作者，艾伦·布里奇沃特和吉尔·布里奇沃特享誉国际，创作内容包括庭院设计、池塘和露台、石头和砖砌建筑、平台和装饰、家庭木工，他们也为几本国际杂志撰写文章，现住在英国东萨塞克斯郡拉伊镇。

目录

评估你的庭院

不管你家的庭院是位于城市中的小院子，还是地处乡村的宽敞庭院，都有适合的池塘或水景可以选择。成功打造水景的诀窍是一定要保证你家庭院与池塘或水景的面积和特点相平衡。在你家庭院里花点时间，精心挑选池塘的位置并进行规划，然后算出采购材料的最佳方式。

我家庭院的空间足够吗？

庭院面积

在你家庭院中走一走。空间足够建池塘吗？如果建一处小水景，会不会更合适？如果你家庭院很小，比如是带有围墙的庭院，也许更适合建一处流水淙淙的小水景，而不是将庭院大半的面积用来建观赏性池塘。而且，要考虑一下整个水景项目会如何影响家中其他人使用庭院。

↗有时候少即是多！一处小水景就可以将沉闷的市中心院子改造成可以休憩放松的愉快之所。

其他方面

在评估你家庭院面积和你要修建的庭院结构时，需要考虑该水景建成之后带来的影响。

你可能已经确定你的庭院适合建一个中等大小的池塘，不过该项目需要大量的挖掘工作，你有没有考虑过要把挖出的土堆在哪里？你是要将土运走，还是能用在抬升花坛或假山上？

考虑一下拟定的项目会对其他人造成什么影响。比如，如果你家庭院非常小，你打算在水坑上建一处小喷泉，流水声会不会对邻居造成干扰？如果你家有小孩子，你设计的项目有没有考虑到他们的安全？

庭院风格

↑ 一个精心设计的规则池塘会将单调的露台转变成可以消磨时光的神奇好去处。

池塘和水景有两种基本风格：规则的和不规则的（或者你会说天然的和人工的）。然而，你做出的选择将在很大程度上取决于你家房子的整体构成和庭院的形状、规模，当然你自己的好恶也将影响你的选择。

该项目的拟建选址必须经过深思熟虑。如果你喜欢天然、不规则的池塘，那么就不要将其建在露台上。同样地，在林间空地中修建规则的抬升池塘搭配喷泉也很不协调。

研究一下你家的庭院，确定自己有多长时间建造，将来又想花多长时间养护；考虑一下可能用到的材料（石块、砖、混凝土或木材）要与周围已有的事物相称的风格。

↑ 将周围铺有石块、长有矮生灌木和雕塑的普通池塘转变为日式庭院，享受它带给你的宁静。

水景的设计选择

何类水景最适合我家庭院？

无论你的预算有多少，都有适合你家庭院的水景设计。你想打造一个生活着蝌蚪、青蛙和蝾螈的小型野生动植物池塘吗？你想要一个养着金鱼、周围铺砌好的水池吗？你需要修建池塘丰富农家庭院吗？还是想让水景成为城市庭院的主景观？也许，露台上的细流水景更适合你。以下这些例子可能对你有所启发。

池塘类型

抬升规则池塘

↗ 抬升规则池塘是庭院中非常吸引人的景观，不需要费心养护，而且比较容易修建，相对建成较快，不用挖坑。方便观赏鱼类和植物，如果你家有幼儿，这也是个较为安全的选择（见第30页）。

下沉的规则池塘（几何形）

↘ 规则的下沉池塘，通常是圆形的池塘较为常见。修建这种池塘要挖坑，运走大量的土壤，不过运用刚性和柔性的衬垫，就不需要使用混凝土为池塘填充衬垫了（见第26~29页、第39页）。

野生动植物池塘（不规则形状；不规则池塘）

↘ 如果你想打造不规则形状的下沉池塘，例如生活着青蛙、蟾蜍、昆虫和水生植物的乡间池塘，那么野生动植物池塘就是令你惊艳的选择。这种池塘会迅速将你家庭院打造为回归自然的乐园，供全家人观赏（见第34页）。

鱼和植物

鱼 你可以养鱼，也可以任凭本地的野生动植物生长和生活，等待青蛙、蝾螈之类的动物出现，但两者兼得并不容易（见第46~47页）。

植物 在池塘中种植植物是为了维持水中氧气和藻类的“平衡”，保证水源的清澈（见第40~45页）。

池塘衬垫

池塘衬垫可以确保池塘能盛水。你可以采用刚性的预成型塑料或树脂衬垫、柔性衬垫或铺设混凝土（见第26~29页）。

刚性衬垫 预成型的刚性衬垫非常简易，因而很吸引人，但也很贵、很小、极难安装。树脂衬垫比聚丙烯制成的衬垫能维持更久的时间。

柔性衬垫 如果你想打造你自己设计的池塘，不管有多大或多小，柔性的衬垫都是最佳选择。最优质的丁基衬垫将维持百年的时间。

混凝土铺砌 如果你愿意尝试艰苦又费力的工作，想让自己的池塘维持很久，又想建造时最为经济划算，混凝土就是一种合适的传统选择。

池塘景观

喷泉

➚ 规则池塘是设计喷泉的最佳环境，喷泉是由水泵驱动的，现在小型低压潜水电动泵很常见，也不是很贵，且很容易安装（见第50～51页、第70～71页、第77页）。

跌水

➚ 跌水是一系列流水组成的小瀑布，而不是从一段台阶上流下来的水。选择具有现代感台阶的效果，或用层层岩石和大卵石模仿自然景观（见第52～53页）。

瀑布

➚ 瀑布是从架子上流下的大量水体，但只有一段较陡的斜面地基或石层，才能打造出这种效果。如果你家没有，就必须准备好大量的泥土和岩石搭建瀑布（见第52～53页）。

小型水景

雕塑和自动装置

➚ 如果你喜欢机械运动，那就建这种日式惊鹿，利用滴水打造出跷跷板的效果（见第74页）。

微型盆景喷泉

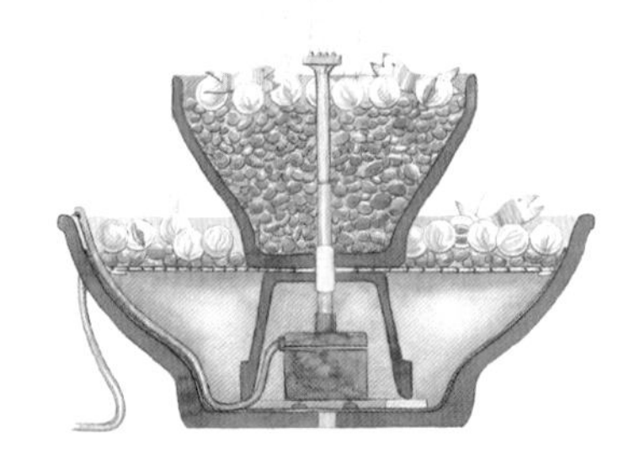

➚ 会产生汩汩流水效果的微型喷泉，如果你担心孩子的安全，不妨选择这种微型喷泉（见第77页）。

面具壁泉

➔ 在墙壁或露台增添用面具隐藏的排水口能营造出极好的效果。将面具安装在墙上，将小蓄水池中的水抽上来，水通过面具喷出再流回小蓄水池中。如果你想将已有的池塘或单调的墙壁装饰一下，这种独立的水景不失为一种很好的选择（见第72页）。

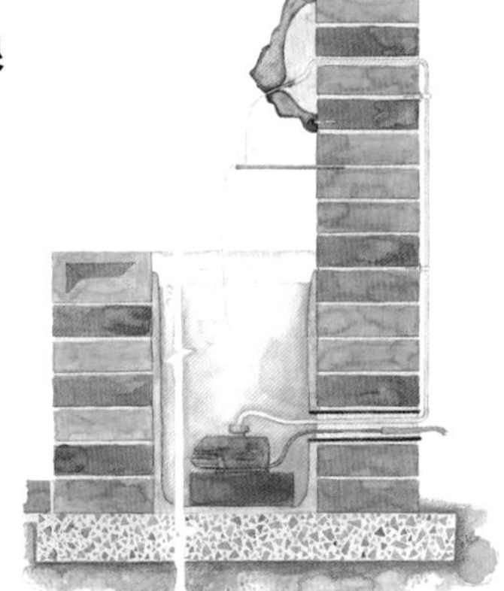

其他泳池和水景

为庭院增添趣味有很多种方式，可以设置水景、种植植物或修建建筑。

沟渠 花费最少量的精力打造迷人的流水。可以挖一条浅沟作为河道，容纳抽进来的水，这样水就会再流入蓄水池中。沟渠可与地面齐平，也可抬升成池塘（见第32～33页）。

水缸 任何容量的容器都可以，可以是陶瓷罐，也可以是大水箱，只要足够美观，容器中没有水的时候可以移动即可（见第68页）。

沼泽庭院 虽然沼泽庭院本身就是景观，不过也可作为池塘旁边的溢流区。沼泽庭院可以强化池塘的整体形状，扩展可种植的区域（见第56～57页）。

池塘上的桥 桥是独特而有活力的建筑。如果你家池塘面积相当大，又想建一座桥，那就抓住机会修建一座木质、石砌或砖砌的桥来增添庭院整体的美观度（见第60～61页）。

检查场地

有哪些要考虑的事项?

在规划之前，先检查场地，以确保场地中没有额外会造成困难的因素。你需要考虑地下排水管道的位置、斜坡坡度和地下水位，还要考虑电源从哪里顺过来、现有的乔木、一天内不同时刻阳光照射角度等。起草一份包含所有问题的清单，一定要确保这些问题不会拖你后腿。

为水景选址时需要考虑的事宜

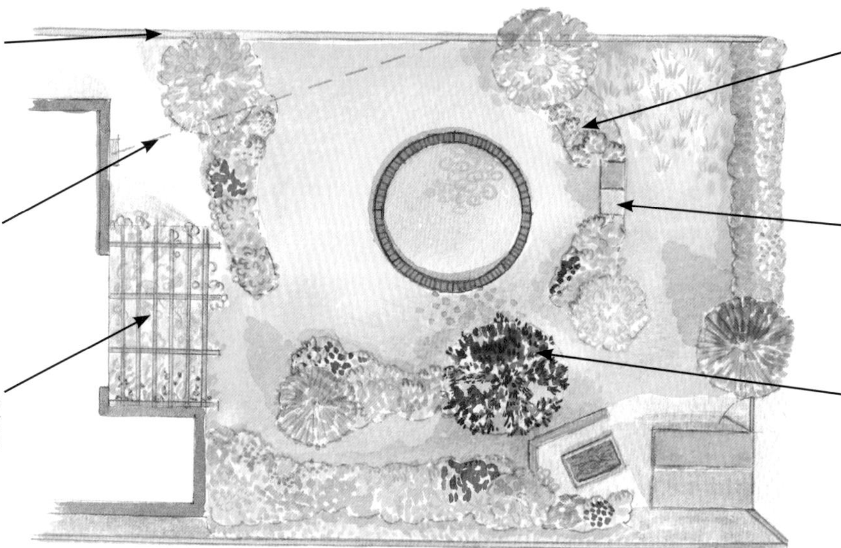

防风物
阻挡风的高栅栏，也可以减弱车流的噪声。
给水管
一定要确保池塘选址避开了地下给水管道。
视角
为池塘选择了合适的位置，你就可以从屋内或露台上欣赏池塘的景色了。
沼泽地
如果庭院内有湿润、松软的土地，不要将池塘选在这种土地的附近。
座位
在池塘附近安置座位，你可以观察来访的野生动物。
遮阳物
一棵乔木（不要太靠近池塘）可在一天之中最晒的时刻为你留下斑驳的树荫。

选址检查清单

站在计划要建池塘的地方，仔细环视四周的景物。看看房子、树木、太阳的位置和邻居家的房子。试着将所有因素考虑在内。

太阳和遮阳物 根据早上、下午和傍晚太阳光照角度来选址。避免极端情况，比如位于一天中最炎热的时刻或全日照的情况。如果早上和傍晚是全日照，中午时有斑驳的阳光，就是池塘的最佳选址。

规模、方位和视角 围绕庭院走一圈，从多个位置观察池塘来选址。你想从室内看到池塘或水景吗？你想要坐在池塘旁吗？

遮阴条件 如果坐在观赏性池塘旁的露天场所，要考虑遮阴条件。大多数池塘需要遮阴，其中的植物才能茁壮生长，也会成为更惬意美观的地方，供人闲坐。你家庭院里有没有可以利用的遮蔽物？

地上和地下问题 不要在地下有水管交错或头顶有架空电缆的地方建池塘。不要在根系尖锐的植物旁边建池塘，比如竹子的根就可能刺穿池塘衬垫。同样也要远离树根，因为它可能会致使混凝土开裂。

土壤类型和挖掘 先挖一个坑做测试，检查是否能在这里建池塘。多岩石的地方可以建个浅池塘，不过却不适合建深池塘。潮湿的黏土很难挖，但你可以在此处挖一个周围清理干净的坑，不必担心地基下沉。不要在地下300mm处有大量水流的地方建池塘，也不要在水体气味难闻的地方建池塘。

保存好珍贵的表层土

如果你需要挖一个深坑建池塘，那注意，不要丢掉植物生长所需依靠的肥沃的表层土。在移除表层土时，将其妥善保存。将底土铲到某块需要建高的地方。

地下的问题

如果池塘选址处位于沼泽，那么水流就有可能使得池塘衬垫变形，甚至会使得混凝土出现裂缝。虽然你可以铺设地下排水管道，甚至设置带有抽水泵的地下水坑以克服这个问题，但有时候另外选址更为简单；你也可以修建抬升池塘，那就不需要往地下挖坑。

设计项目

一项设计不止是纸片上的速写。你一旦决定了水景的类型、整体风格和选址，首先是要在纸上将自己的想法呈现出来，记录所有的测量值、准确的信息和数值。接下来，你才能有十足的把握订购材料、开工建造，而且不会出现任何意外。在前期多想一下，后期将避免很多伤脑筋的事，节省很多时间和钱！

我需要在设计中融入哪些元素？

如何开始

找一本活页文件夹和简单的格子纸、铅笔、尺子以及彩色铅笔，列出自己的需求。如果你的设计需要用到砖块和石头，那就决定一下要用什么颜色和质地的。这一阶段不需要太过明确，只需试着想象整体形状、颜色和形式。

你的概念

你或许知道自己想建抬升池塘，而不是野生动植物池塘，不过你了解有哪些可用的材料及其颜色和质地吗？最好多看书本和杂志，越多越好，跟家人和朋友细说一下自己的想法。

想象

用几张跟水景面积相同的塑料薄纸盖住地面，跟这个全尺寸的设计图生活几天，看它如何影响你利用庭院。它可以再大一点吗？需要重新选址吗？

设计要素

在设计池塘时，规划出池塘的最终尺寸之前，你需要仔细测量你所选择的材料（丁基或刚性的预成型衬垫以及砖块、石块）的尺寸。

比如，如果你要建抬升池塘，一开始就要确定预成型衬垫的宽、长和高度。不要在设计上马虎，在修建池塘的墙壁时尽量全部使用砖块，尽量不要切割使用。尽量将所有材料的作用发挥到极致。

绘制设计

测量你家庭院，按比例缩小，在格子纸上绘制规划图，这样每个方格就是一套度量制。在规划图上画出水景，这样它的选址就会避开固定的点，比如房子和某个边界栅栏。如果你要利用制砖、石板或石块等修建建筑物，比如抬升池塘，那就拟出各种视图的规划图。要尽可能按照一定尺寸比例绘制，这样就能利用所有组成部分，以最小化整体的切割工作量。

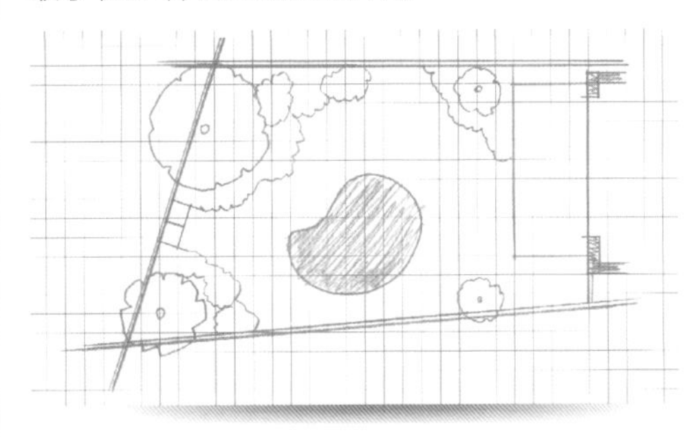

↗ 在格子纸上画出房子，然后绘制已有的景观，比如墙壁和树木。在卡片上画出景观，比如池塘，并将其裁剪下来，试着在最后敲定之前，在格子纸上摆放在不同的位置看看。

检查清单

- 该设计与你家庭院相称吗？（考量一下规模和风格）。
- 你有没有算出精确的尺寸（而且这些尺寸是否与实际尺寸相符）？
- 你有没有选择最适合你的设计的建筑材料？
- 你的设计在结构上牢固吗？
- 你知道建造流程吗？
- 你有没有将管道考虑在内？

地基

如果你使用砖块、石头或石块，你首先需要在建筑物底下修建牢固的地基，以使建筑物能够经受夏季和冬季的地层移动，始终完整无损。

采用砖块设计

良好的砖砌建筑是指在设计某个建筑时，将切割砖块的工作量降至最低，垂直施工缝也应该与邻近的一层砖相合。大多数情况下，已经加工好的物件，比如预成型的池塘衬垫和混凝土石板要与整体的砖块规模相称。

如何进行管道工程

管道是用来保护电力电缆和引流的，所有管道最好埋在地下。水源输送管道刻有螺纹以免被压碎或扭曲变形，其直径为10～35mm。管道要多买一点。

在选择抽水泵时，检查一下其入口和出口尺寸，然后买匹配的供水管道。用塑料导管、加强塑料水龙软管包裹电力电缆，或使用螺纹水管。将水管安放在沟里，然后铺上旧砖块，再铺上塑料薄膜和泥土。

规划和准备工作

我该提前准备什么?

要像军事行动一样准备整个工程。现在是时候拟定材料清单、计算所需材料的数量，在准备开始工作时安排好各项工作时间和顺序，决定需不需要别人帮忙完成比较繁重的工作，多打几个电话询价和确认交货时间。如果你煞费苦心地规划各处小细节，那么整个项目就会毫不费力地完成了!

确定工作顺序

每个项目都需要根据具体情况做好安排，要考虑当时所处的时节、你家庭院的大小、多少人帮忙等。你的首要任务就是决定工作顺序，把材料放在哪里、何时放置、如何放置。

比如说，你打算建一个大型的天然或野生动植物池塘，里面用柔性衬垫。你需要挖一个坑，使用大量砖块、沙子和水泥。基本的工作顺序就是挖坑、铺设墙壁和地基，接着是混凝土，将沙子耙至坑中、铺好衬垫、修建矮墙、在池塘里放满水、种植、美化植物。提前决定将挖出来的土运到哪里，在哪里放置砖块和水泥。你肯定不希望将这些材料到处乱放受到损坏，而且庭院中需要一条畅通的通道。规划好每个阶段，搞清楚这些环节的真正含义，开工后就不会遇到意想不到的头疼之事，这一点很重要。

修建带有砖墙和硬性衬垫的抬升池塘的工作顺序

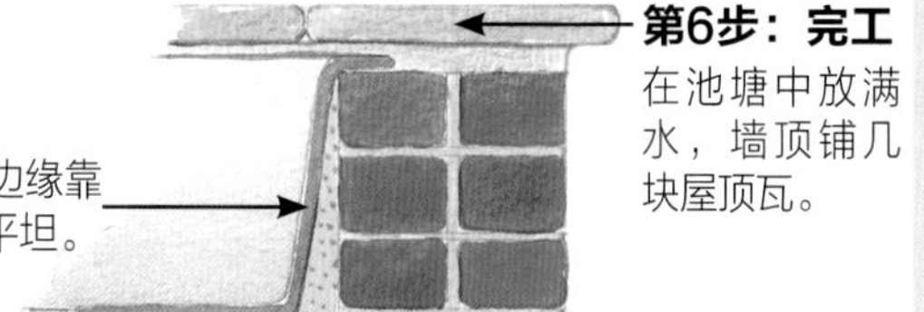

第6步：完工
在池塘中放满水，墙顶铺几块屋顶瓦。
第3步：衬垫
铺好刚性衬垫，让边缘靠在墙上，确保衬垫平坦。
第2步：内壁
修建内壁，同时时刻核查其高度与刚性衬垫相称。
第5步：外墙
修建外墙，使其与刚性衬垫边缘齐平。
第1步：地基
挖好里外墙的地基，平整场地，铺设硬底层，安置混凝土板。
第4步：填坑
轻轻将沙子放在坑里，环绕衬垫四周，这样衬垫就有支撑，尤其是种植架子底下的衬垫。

利用柔性衬垫修建完全封闭型的天然池塘的工作顺序

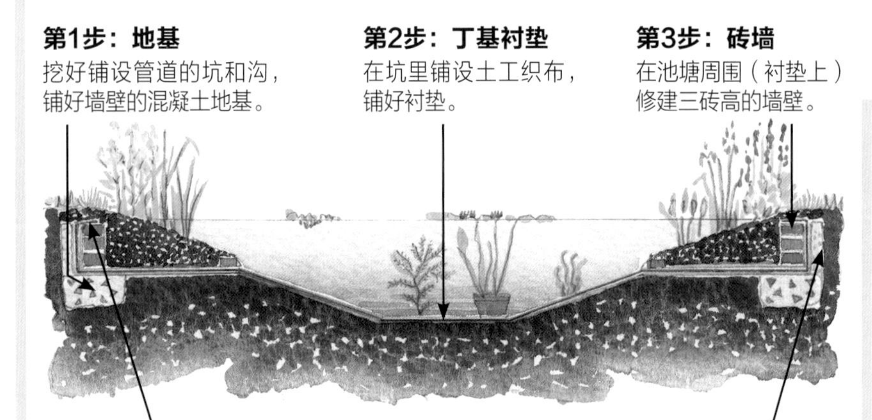

第1步：地基
挖好铺设管道的坑和沟，铺好墙壁的混凝土地基。
第2步：丁基衬垫
在坑里铺设土工织布，铺好衬垫。
第3步：砖墙
在池塘周围（衬垫上）修建三砖高的墙壁。
第4步：修剪衬垫
将衬垫铺到墙壁以上，然后修剪，折叠在墙体顶部。
第5步：完工
在墙体外面依次塞满沙子和泥土。将泥土撒在墙上和种植架上。

你有时间和精力吗?

平衡你自己的可用时间和精力。如果你身体健壮，手头有大把时间，你可以将任务分布在数周的时间内，而不是几天。不过如果你没有太多时间，你就需要加速进行所有环节。假设你已经有了顺手的工具、一两个独轮手推车及很多水桶，那么你可以再买个水泥浆搅拌机以最大程度节省时间。

工具和材料

虽然选择使用什么材料取决于具体的项目，不过还是有两条指导原则：选择合适的工具总是没错的，批量购买材料也会便宜一点。而且不要一次购买一包包装好的沙子，这样会贵很多（见第12页）。

获得报价

你可以从当地公司询价，以节省运输成本。精确列出你想要什么——产品名称、大小、颜色和数量，然后多打几个电话，找到最合适的报价。绝不要买没有事前确认过现货的东西，在得到报价后，去拜访供应商，看一看在售的产品。当价格和交货日期达成一致后，优先选择货到付款的材料。

节假日

确保你的工作时间表将节假日考虑在内。如果你打算在国家法定节假日或夏季周末工作，就必须提前一段时间订购材料。你不能指望装饰材料公司会在节假日期间或非正常工作时间给你送货。

配送问题

一定要考虑到配送可能会延误的问题，所以要提前相当一段时间订购所需材料。如果你批量订购，卡车能停在你家大门外吗？你可以将材料卸在房子前面的土地上吗，会不会构成安全隐患？如果需要用起重机、用绞盘将特大袋的沙子或一盘盘砖块拉下卡车，你有规划好方便起重机运行的路线吗？

时间表

如果你时间不充足，或需要寻求朋友帮忙（或雇佣帮手），你必须起草时间表，列出工序以及你的期望，试着按照预定的期限按时完成任务。利用偶然的空闲时间修建，以免天气变化，或者出现其他问题。

计算所需材料数量

计算某项工作需要多少块砖可能相对容易些，不过沙子、水泥和柔性衬垫的数量，就没那么容易算得出了。要批量订购沙子，因为这样比较便宜，如果有剩余，就将其用在庭院其他地方。水泥既贵又难以长期保存，所以一次订购几袋即可。柔性衬垫的面积可能难以事先明确计算出来，因为只有等到坑挖好了或墙建好了才能确定尺寸。由于衬垫是贵重商品，所以最好先修建好后直接测量项目本身的尺寸。

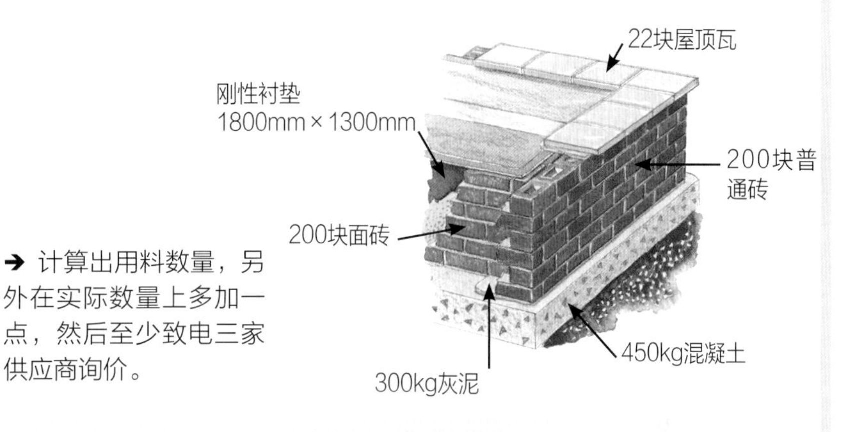

➔ 计算出用料数量，另外在实际数量上多加一点，然后至少致电三家供应商询价。

计算材料用量指南

你需要根据产品计算其尺寸、所需数量和/或重量。根据数量和价格计算出最经济划算的交易。

硬底层 通常是按一卡车载量出售的。算出自己所需的量，按照超过这个数量最小的整车数订购，然后将地基挖得深一点，将多出来的材料用完。

碎石和沙子 选择按一整卡车载量或特大袋购买方式最为经济划算，可以将剩下的材料送给邻居。

混凝土 很难计算出自己需要多少用量，最好在需要时一次购买一两袋。

墙体材料 砖块和混凝土砖通常是按照一托盘的量出售的，可以买一整托盘，将剩余的材料用在其他项目上。

柔性衬垫 丁基衬垫非常贵。最好直接测量坑或建筑的尺寸，只需要按照绝对极小值购买即可。有些供应商则出售按规格裁切的衬垫，以压缩成本。

保护周边地区

如果你要挖土并从草坪上推独轮手推车运土，最好在草坪上铺一层塑料薄膜或大张的胶合板。如果你会用到水泥浆搅拌机，一定要确保它远离草坪和花圃。水泥极具腐蚀性，会杀死植物和鱼类，所以一定要小心使用。在进行重复性工作时，比如从水泥浆搅拌机走到施工场地，或推着独轮手推车行走，试着变化路径，以免将地面压实。

你会不会需要别人帮忙？

修建池塘真的非常有趣！如果朋友或亲戚想帮忙，何不欣然同意？你的帮手也能从中获得乐趣，还能分担你的工作量。如果有孩子想帮忙，就让他们在安全环节中帮忙，而且要看好他们。不过，在允许别人的孩子帮忙之前，最好先征得他们父母的同意！

记住，挖坑和搬砖都是累活儿，你要足够了解自己的健康状况，确认自己能否胜任这些工作？如果你有任何顾虑，请先与医生咨询一下。

工具和材料

我需要什么？能节省哪些费用？

工具和材料主要有4种获得方式：DIY工具商店，砖块、石块和瓷砖建筑商，出售沙子、碎石等大件商品的当地专业供应商，出售所有装置和配件的水景庭院专卖店。你可以通过批量购买材料省钱，通过购买能力范围内的最佳工具节省力气。下文将为你介绍常用工具和材料。

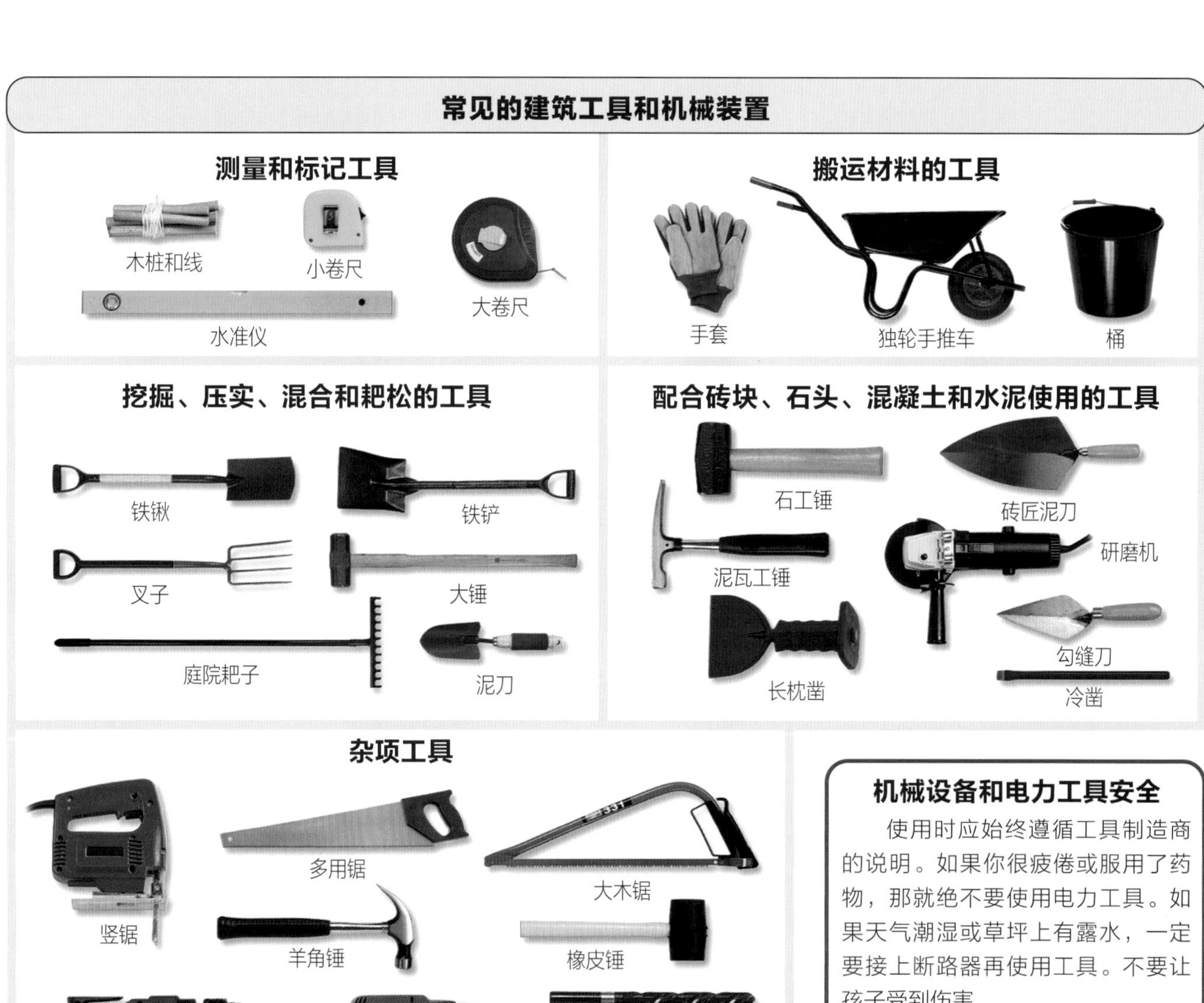

机械设备和电力工具安全

使用时应始终遵循工具制造商的说明。如果你很疲倦或服用了药物，那就绝不要使用电力工具。如果天气潮湿或草坪上有露水，一定要接上断路器再使用工具。不要让孩子受到伤害。

租用工具

如果你要在某个结构下铺设混凝土地基，可以租用板式压实机将硬底层重击进合适的位置，可以轻松将所需时间和力气减半。徒手混合灰泥和混凝土无疑是个累活儿，不过租用水泥浆搅拌机就很简单了，而且很有乐趣。

常见的建筑材料

衬垫材料

土工织布

顶层绝缘布

聚氯乙烯衬垫（薄塑料）

刚性衬垫（不规则形状）

刚性衬垫（不规则形状）

刚性衬垫（规则形状）

瀑布刚性衬垫

塑料集水坑

砖块和石头

铺路石块

人造铺路石块

平板石
（不规则形状）

砖块

人造石块

石砌块

岩石

石板

卵石

观赏碎石

管道

透明塑胶管　软铜管

庭院加固水龙软管　装甲软管　铜管

铜管接头

铜管管托

塑料管

塑料管接头

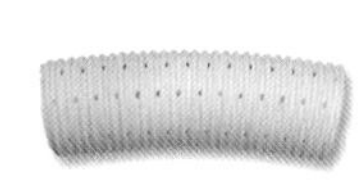
地面排水管道

木材

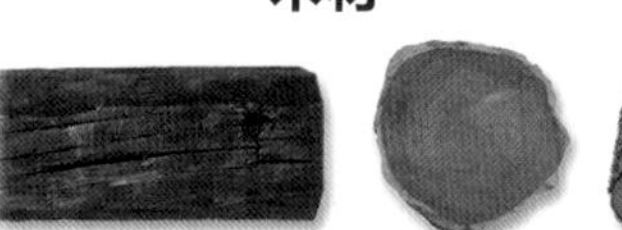
枕木　原木　木杆

滚木饰边

有用的木段

各种材料

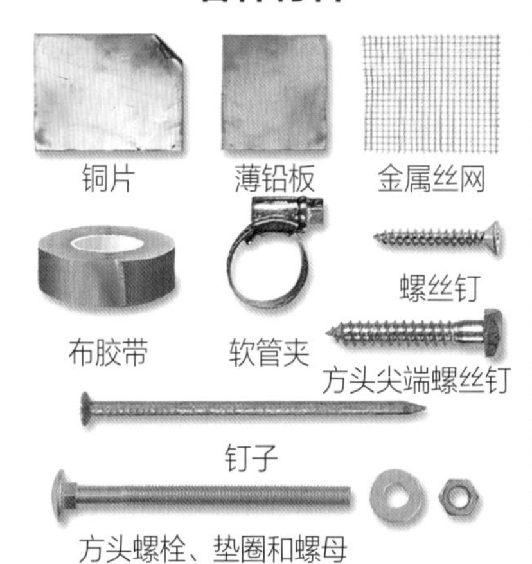
铜片　薄铅板　金属丝网

布胶带　软管夹　螺丝钉　方头尖端螺丝钉

钉子

方头螺栓、垫圈和螺母

回收材料

被专业回收的材料的质量和质地都还不错，比如砖块和木材，不过也有可能很贵。如有可能，你可以自己进行回收工作，以节省成本。

套装

许多小型水景材料是成套卖的，如果你不想DIY，购买套装也是个好主意，不过这种套装有可能达不到你预期效果，而且很贵。用来修建回收石墙的套装一直都在改进。

混凝土和灰泥配方

各类材料都要混合到位，不要用太多水；施工时始终使用新水泥和石灰，不要在灰泥中掺过多的水泥，只用干净的精选矿砂。在以下的配方图表中，每个椭圆形代表一个单位。

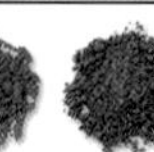

水泥　细沙　粗砂　碎石　石块　石灰

混凝土
地基用（间或可用作池塘沉底）

石墙和砖墙等普通地基用：○ + ○○ + ○○○（水泥 + 粗砂 + 碎石）

石墙和砖墙等普通地基用（该配方使用一种沙子和碎石的混合物——石块）：○ + ○○○○○（水泥 + 石块）

修路和轻型地基用：○ + ○○○（水泥 + 石块）

灰泥
砖块、石块和石头建造的建筑用

砖块、石块及普通工作用：○ + ○○○（水泥 + 细沙）

一种特别的柔软、细滑的石砌用灰泥：○ + ○ + ○○○○（水泥 + 石灰 + 细沙）

一种特别的粗质灰泥，用于砖砌/石砌宽墙：○ + ○ + ○○○○（水泥 + 石灰 + 粗砂）

警示

水泥粉、石灰、湿态混凝土和灰泥都具有腐蚀性！

在混合这些材料时，要戴上护目镜、口罩和手套。如果当天很热或者刮风（哪怕是微风），都必须在工作之后洗脸。用混凝土和灰泥施工时，要戴上手套。

挖坑

挖坑的最佳方式是什么?

修建池塘不可避免地要包含挖坑的工作。显然，你需要身体强健，才能应对这些劳动。为了让挖掘工作变得容易些，你需要穿一双舒适的鞋，戴一副手套，使用长度和重量正好适合你的铁锹，用稳定、悠闲的节奏工作。将尖锐的铁锹铲进些许潮湿的土壤中，有种美妙的治愈感，甚至周围的气味也有点好闻!

需要考虑的要点

- 你家池塘选址的环境是干燥、多沙、坚硬、多岩石，还是潮湿又柔软? 需要先挖一个坑试验一下。
- 如果地面非常多沙，你要么重新选址，要么必须用胶合板加固这个坑，以免四周塌陷。
- 如果地面多岩石，你或许不需要打地基。
- 如果地面涝水，要么重新选址，要么必须在地基底下铺设管道，排掉多余的水。
- 如果在挖坑时，挖到意料之外的管道或电缆（有可能是电力、水、气、污水、油或地面排水管道），你必须停止作业，查明是什么再继续下面的工作。

截面图

某项目的截面图是垂直剖面，一直到地基。绘制截面图，可以形象地展示出各个部分是如何组合在一起的。

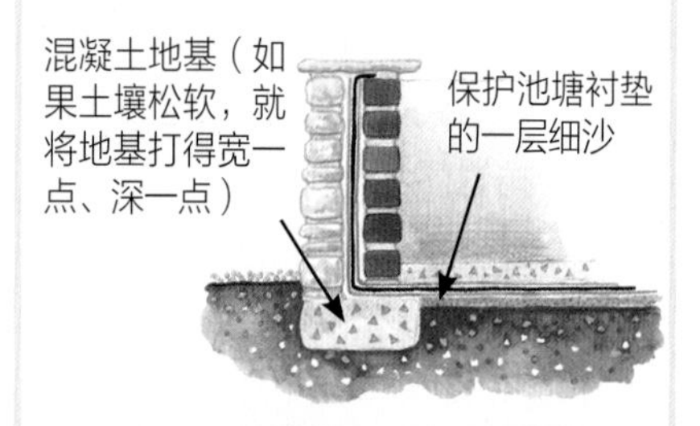

1. 检查你的测量值 你必须测量不同材料的厚度，比如砖块、灰泥层、地基，这样你就知道坑要挖多深了。

2. 按比例制图 按比例绘制截面图，这样就能看清楚各层材料，也可以知道工作顺序了。

标出池塘形状

不规则形状的刚性衬垫池塘

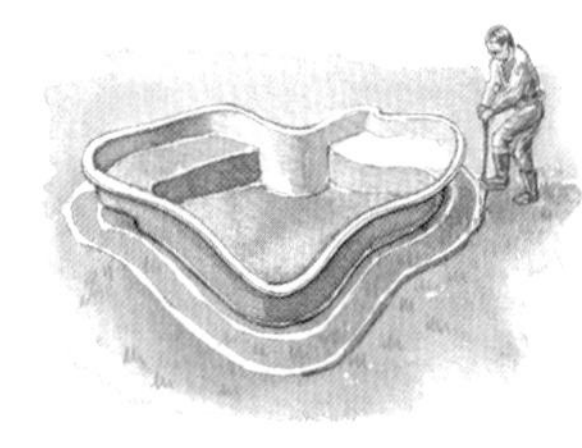

←在地上安放刚性衬垫，仔细按照需要铺好。视线一直越过池塘衬垫边缘，用粉笔在地上标出池塘轮廓。在第一道线外围再画一道线，相隔约一铁锹宽。

打造自然或不规则的形状

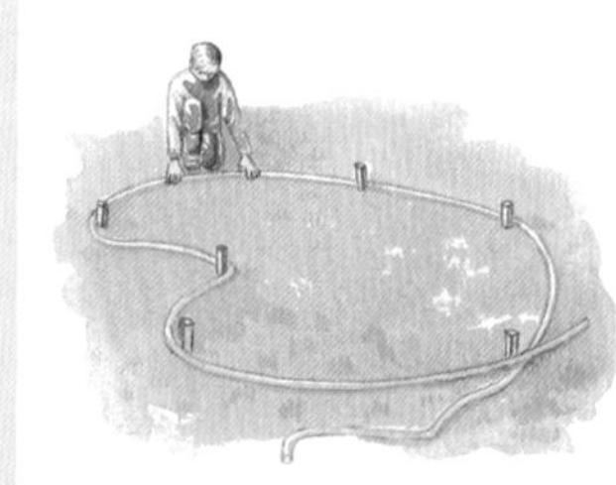

←决定选址，决定你想让池塘多长、多宽，使用短木桩在地上标出关键点。使用绳子或水龙软管将这些点连起来，直到标出了设想中的形状。使用粉笔、洒石灰粉或马克喷漆界定切割的线。

矩形

←决定如何校准。使用卷尺、短木桩和线在地上标出大致的矩形。测量对角线，逐渐调整某个木桩或所有木桩，直到两条对角线都一致，线也都拉紧了。

移除草皮

使用卷尺、短木桩和线在地上标出池塘区域。用铁锹将这块区域切成铁锹那么宽的格子。低角度拿铁锹，从草皮底下切开，移除一个格子。重复这个过程，切除整块区域表土。

水平和深度

为了在地上打造一块水平的区域，要先在最低点打一根木桩，拴上绳子，将其引到比较高的地方，然后在高处再打一根木桩。在两根木桩之间架上一段木头，用水准仪校准。不断降低绳子沿线的地面，继续敲击第二根木桩，直到两根木桩和地面齐平。从这两点往外工作，再继续打木桩。

利用卷尺测量加在两条木桩的木头直上直下的高度，以核查坑的深度。

修建池塘所用的沟、种植架和斜坡

沟

↘ 池塘挡土墙修建在沟里。整平选址，将表层土移走。在一根棍子上标出沟的深度和宽度。挖一条平底、两侧清除干净的沟，始终用这根棍子测量沟的深度和宽度。

种植架

↓ 种植架是用来支撑池塘周围的边缘植物的。确定架子的宽度和深度，以及其如何朝向太阳。在地上标出架子的宽度、深度和形状，挖出土壤。将架子打造得往池塘边倾斜。

斜坡

↙ 坑的各边需要挖凿种植架内侧至池塘中心以及最深的部分，坡度角需要在1/3（见下面的坡度比）。以这个角度，衬垫底下的土壤和疏松砂岩不会移动。

铺有柔性衬垫的池塘截面图

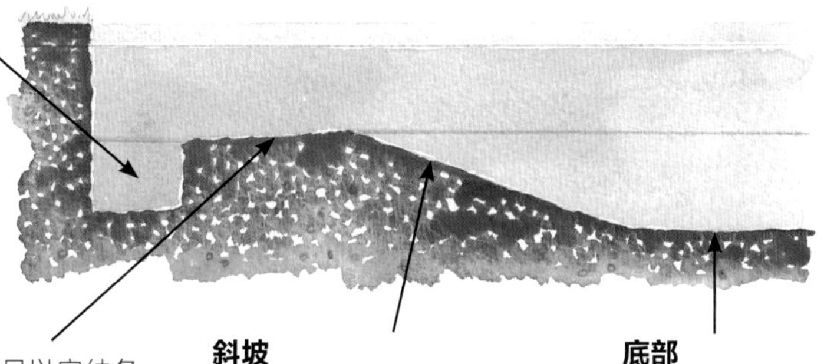

沟
挖一条沟，其深度和宽度足够铺设混凝土地基和砖砌挡土墙。

种植架
种植架的宽度和深度要足以容纳各种边缘植物。建议深度最大可达约200mm。

斜坡
挖凿斜坡，以保证衬垫底下的土壤和沙子待在原处。如果土壤往下滚，那就说明坡太陡了。

底部
底部应该宽而平。

坡度比

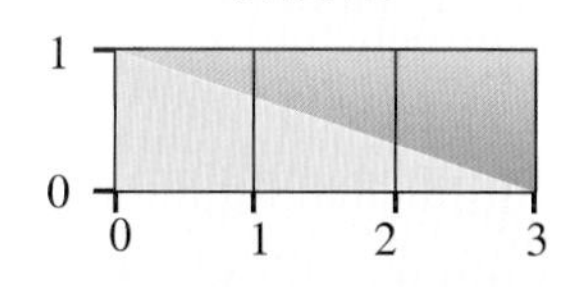

理想的天然池塘边底坡度角是1/3，也就是说水平方向每增加3个单位，垂直方向只需要增加1个单位。

土壤的处理

挖坑会产生很多多余的土壤，表层土十分宝贵，不要扔掉，还是可以将其放在庭院其他地方使用。贫瘠的底土可以放在观赏性浅滩或抬升花坛底部，堆积在池塘边，也可用来修建瀑布或假山。争取事先规划好整体的工作，这样就只需一次性将土壤从坑里搬运到庭院中的最终目的地。

在庭院中打造景观
从池塘到预留出来修建景观的区域铺一排工作板，这样独轮手推车就不会破坏庭院的草坪或压实地面了。

打造毗邻池塘的景观
为了在池塘周围修建堤岸，将表层土放到一边，挖好池塘，直接用底土来修筑堤岸。留出几个星期等它固定，然后再将表层土搬回来覆盖其表面。

运走废弃土
保留表层土。决定从池塘到大门最近的可行性路径，铺一排工作板供独轮手推车通过，将废弃土移走。

挖掘机

挖掘工作可以租用小型挖掘机。虽然挖掘机可以迅速完工，不过你家大门够不够宽，挖掘机会不会压实草坪，刮擦车道或者转向和操作时有无可能破坏花坛、乔木以及其他景观？如果池塘是中等大小，可寻求亲友的帮忙，或许人工挖掘更简单一点。

如果你计划建一个特别大的池塘，人工挖掘根本不合适，那么你就可以选择租用一辆挖掘机，自己操作，也可以连同司机一同雇佣。找当地的承包商，获得书面报价。写下你的需求，比如池塘的位置、深度、挖出来的土壤要放在哪里、表层土要如何保存等。清楚详细地说明你的要求及你不希望发生的事情。如果你想让公司铺好工作板以保护草坪，那就跟他们交代清楚。在租用之前，务必要确认承包商有保险。

修建池壁

如果想砌池壁，有哪些选择？

池塘和水景一般都需要墙壁，比如围绕抬升池塘砌一堵装饰性或功能性的墙壁，或建一堵封闭的护土墙以打造天然池塘。可以用混凝土砖、砖块或石头建造。混凝土砖价格便宜，但非常重，外观较丑，而且不是很实用。石头价格较贵，较为美观，可塑性强。砖块成本相对较低，容易堆砌，而且非常灵活。选择砌墙的原料时需要综合考虑池塘结构、风格、技术和预算因素。

至于抬升池塘墙壁，可选择与房子或附近的花园墙相似的材质。这个池塘用的是新的外墙砖，顶上铺有混凝土"石"砖。

需要考虑的事项

- 池壁需要隐藏在视线外还是要暴露在视线内？
- 墙壁主要是满足装饰性还是功能性？
- 墙壁要建成直的，宽而弯曲的，还是窄而弯曲的？
- 如果墙壁是供观赏用，需要搭配现有的砖块或石头结构吗？比如房子、露台或花园墙壁。
- 你的预算是紧张，还是不计较成本只为达到最好的效果？
- 你如果想使用大块的材质，比如大块的石头，需要先查看一下花园有没有合适的入口、路上是否容易停车，门口是不是很宽且有水平通道。
- 回答完以上问题之后，再决定使用哪种材料。

墙基

厚墙比薄墙更稳固。高墙要比矮墙建得更厚些。高且厚的墙需要宽且深的地基。如果墙壁只有一面露在外面，隐藏的那面可用成本较低的混凝土砖。

地基

池壁需要打好地基才能牢固结实。如果你是为了建天然池塘，要在地下砌三层砖高的低矮护土墙，打地基时只需要直接往沟里的碎砖上铺大量的混凝土。

如果池壁需要立在地面之上，就需要挖一道300mm深和300mm宽的沟。在沟里铺上碎砖压实，接着再铺上20mm厚的沙子压实，顶上再铺上130mm夯实的混凝土。如果地面又硬又干燥，碎砖不用铺太厚。如果地面潮湿柔软，沟要挖深一点，碎砖要铺得多一点，混凝土也要再铺厚一点。

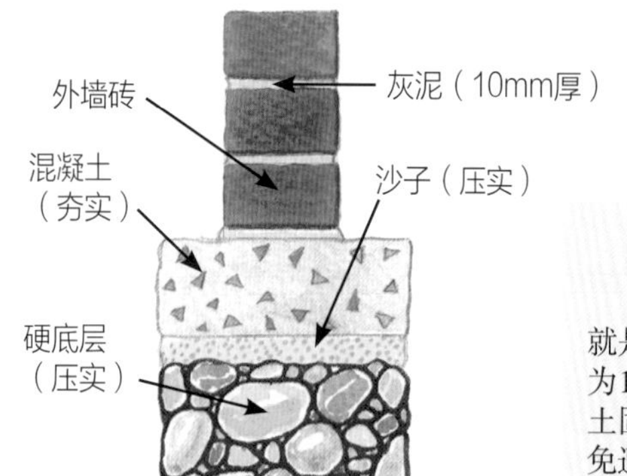

混凝土混合物

理想的比率为1：2：3，也就是说水泥、细沙和砂石的比例为1：2：3。一旦铺下，在混凝土固化的过程中必须加以掩盖以免遭受雨淋、日晒和霜冻。

使用灰泥

水泥可以买到混合好的，但是灰泥却只能现场混合。根据所需要的灰泥量，如果只需要少量灰泥，你可以在手推车中混合；如果所需灰泥量较大，则可以在工作板上混合，也可以在水泥搅拌机里混合。

混合灰泥和砌墙都是累活儿，但干这两种活儿所用到的肌肉有所不同，所以最好平衡好两种活儿，混合点灰泥或水泥，清理干净，再砌一截墙，清理干净，建议以这样的节奏建造。

混合灰泥

通常理想的比率为1：1：6，也就是说水泥、石灰和细沙的比例为1：1：6。石灰将灰泥掺成奶油色的便于使用的质地，非常适合砌砖和砌石工作（见第19页）。

如何修砌砖墙

砖有六面：两头或“页眉”面，两面或“担架”面，顶面或“凹”面，还有底面。墙壁多半都是砖的凹面朝上，这样的话担架面或页眉面就露了出来。每垒一行砖就是一层。

砖块构成的图案可以叫作纽带，砖块交错垂直堆砌，如此构建的墙壁更为稳健。本书中大部分项目都是采用简单的顺砖式砌合法建造的单砖或双砖墙。一般要先建墙角或“外角”，可以利用水准仪和线让墙壁垂直。

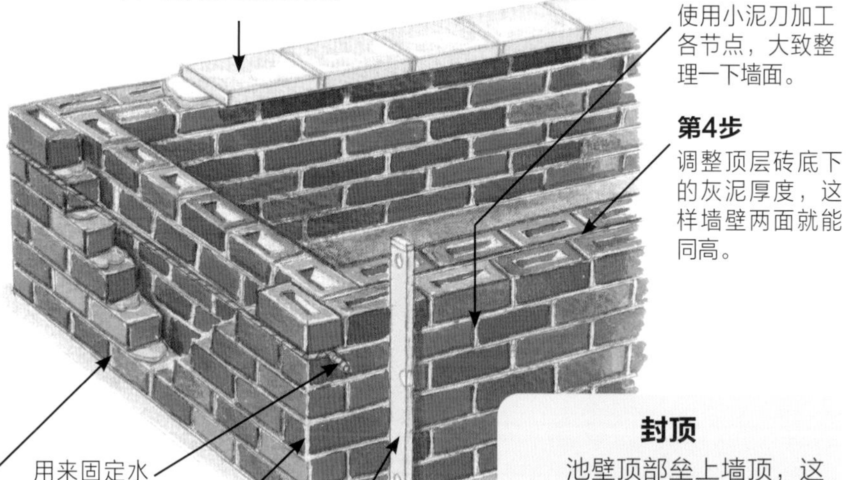

第6步
在一层灰泥上铺屋顶瓦。
第5步
使用小泥刀加工各节点，大致整理一下墙面。
第4步
调整顶层砖底下的灰泥厚度，这样墙壁两面就能同高。
用来固定水平测量线的金属轴
第1步
铺下第一层砖（如果是双砖墙，就铺下两道砖）。砖块一定要对齐，以一定的间隔排列。
第2步
继续铺砖，确保各角在水平和垂直方向呈直角。
第3步
在砌墙的过程中，用水平仪反复检查，确保墙壁在水平和垂直方向成直角。

封顶

池壁顶部垒上墙顶，这样墙壁才算建成了。有了墙顶，墙壁会更加美观，雨水也可以从墙上滑落。传统的墙顶是用灰泥铺上瓷砖、屋顶瓦，砖块担架面相接。

石墙

石墙与砖墙建造流程相同，采用灰泥砌石头，通常底下先用薄而平的石块，像摞盘子一样摞起来。虽然你可以用锯开的石料，但是这样的石头不太常见，而且价格很贵。

如果需要切开石头，你可以使用常见的石料，将之切成方便使用、表面是正方形的石块。如果需要切割得更加精细，你可以将旧地毯垫在石块底下，用长枕凿子和大锤子进行切割。

如有可能，使用当地的石头（或形状类似天然石头的人造石）。这样能够确保墙体结构与当地的建筑物协调。

圆形墙

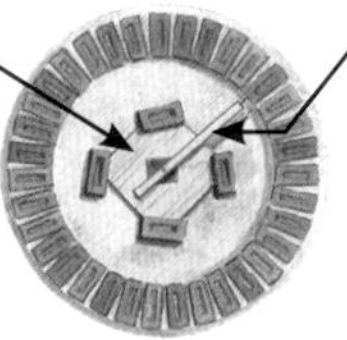

上面压有砖块的基板，横木规随着墙体越来越高也逐渐抬升。
横木规：一截木头，以钉有一个钉子的一端为支点；钉子到末端的距离为半径。

横木规法（见下文）

建筑单位（砖块或混凝土砖）越小，越容易建造成圆形墙。建造小直径圆形墙有一种传统方法，即运用易于制作的仪器——横木规，可以以一枚钉子作为中心点。横木规（就像钟表的时针和分针）可以确保半径一致。

镶嵌墙

镶嵌图案是往平面上粘贴小片材质（比如瓷砖、玻璃、卵石或贝壳），拼贴出二维图片或图案，作装饰用。这种墙壁的设计是在墙壁表面上描绘图案，各部分都涂上石膏或水泥，在适当的位置压实相应的材料镶嵌在图案中。

其他材质

很多材料都可以用来砌矮墙，比如铁轨枕木、锯木、原木、混凝土砖、废铁、旧板条箱、金属集装箱、浮木、玻璃砖、空酒瓶、压实土、模制混凝土以及其他多种现有或天然的材料。但是，必须确保墙壁结构坚固，装饰性墙壁也是如此。

所以，如果你想冒险使用手头现有的材料砌矮墙（不高于600mm），务必先确认要建的墙壁是否合法，也不会对人身健康构成威胁。如果家人和邻居不反对，那么就可以考虑建造墙壁了。

挑选衬垫

选择什么材质的衬垫最好？

衬垫是指确保池塘或水景不漏水的防水层。过去池塘衬垫是用湿黏土（用脚踩实的黏土）填充的，不过现在池塘衬垫是用混凝土、塑料薄膜、丁基橡胶板、预成型的玻璃纤维或预成型的塑料做的。选择哪种衬垫要根据水景的大小和形状、你想让它维持多久及你想花多少钱而决定。

➘ 如果你想修建低成本的池塘，并不想让它维持很长时间，那么聚氯乙烯就是最佳选择。如果你想让池塘维持25年以上，那么丁基就是更好的选择。预成型的刚性衬垫最适合抬升池塘。根据自己的需求，仔细考量各种选择，然后做出决定。

哪种衬垫最好？

不规则形状的池塘

丁基

丁基橡胶板最适合不规则形状的大池塘，大小随意订购。

几何池塘

刚性衬垫

小型几何池塘最适合用刚性衬垫，无论是抬升还是下沉的池塘。

沟渠

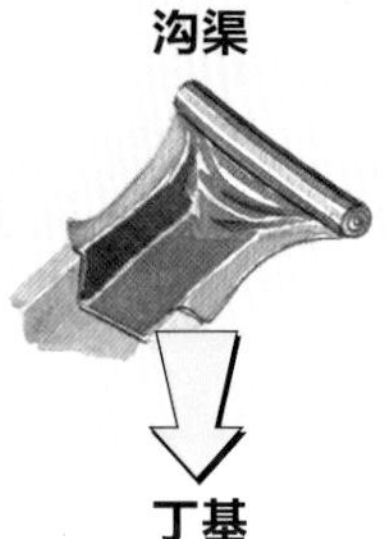

丁基

成卷的顶级最适合长而狭窄的水景，比如沟渠和小瀑布。

涌泉

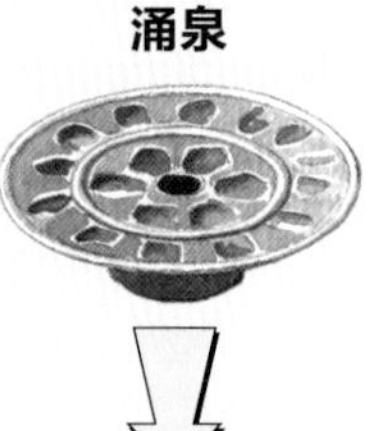

水坑

预成型的塑料水坑专门应用于涌泉和小型水泵、水坑水景。

蓄水槽

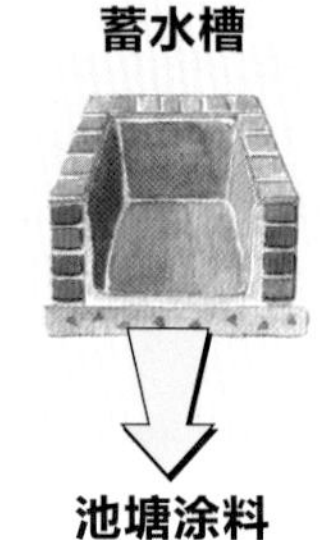

池塘涂料

池塘涂料非常适合小型水泥砖槽和蓄水池。

柔性衬垫：丁基和聚氯乙烯

丁基和聚氯乙烯需要小心处理，因为如果破裂或刺破了，就彻底废了。这种类型的衬垫最好夹在两层土工织布（人造衬底）之间，池塘边缘处的衬垫要仔细遮挡，不要暴露在视野内。稍加规划，就可以将柔性衬垫铺在底板下面、铺在两道墙之间，修建两道墙的池壁，这样衬垫可以完全隐藏，受到保护，不会受到光照和意外的破坏。

下沉池塘
不规则形状

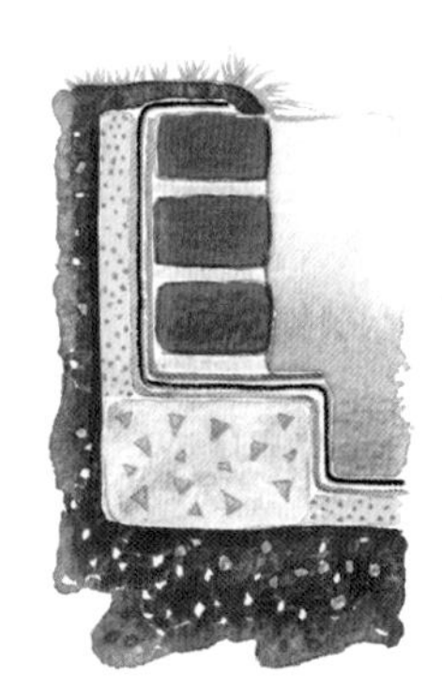

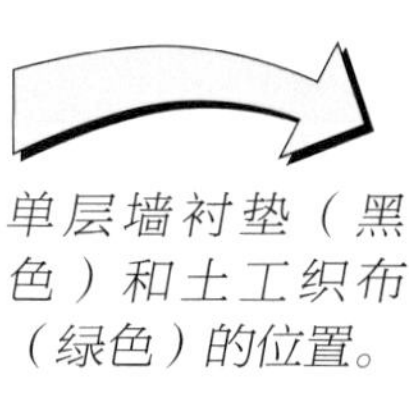

单层墙衬垫（黑色）和土工织布（绿色）的位置。

抬升池塘
不规则形状或矩形

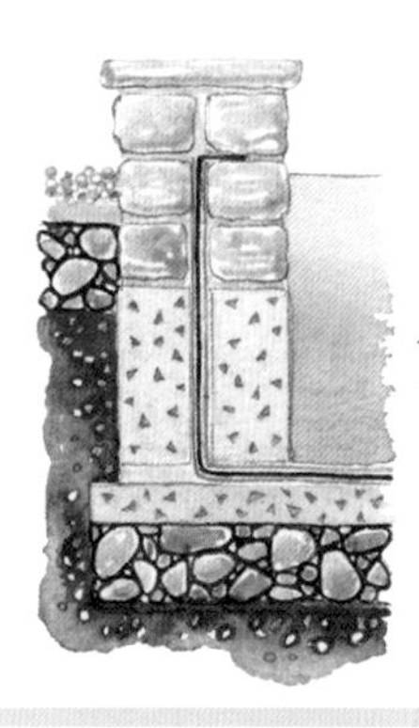

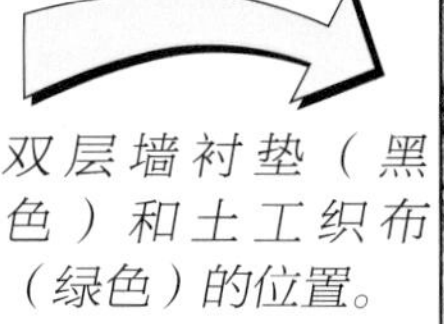

双层墙衬垫（黑色）和土工织布（绿色）的位置。

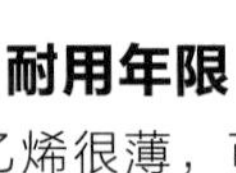

耐用年限

聚氯乙烯很薄，可维持约5年。丁基很厚，可维持至少25年。厚一点的衬垫较不易被植物根系刺破。

刚性衬垫

预成型的刚性衬垫最适合小型抬升池塘和下沉池塘，无论是几何形状还是天然形状都可。

刚性衬垫有两种类型：光滑面的昂贵玻璃纤维衬垫可以维持很多年；相对松弛的塑料衬垫，只能维持四五年。成功使用刚性衬垫的窍门是为衬垫提供大量结构上的支撑，比如结实的混凝土板基底、衬垫和周围地面或结构之间塞满细沙、用瓷砖或石板封顶以保护脆弱的边缘。

下沉池塘
圆形、方形或不规则形状

这片小衬垫底下铺着沙子。如果池塘边缘要用岩石围绕，那么这些边缘就需要有混凝土支撑。

抬升池塘
圆形或矩形

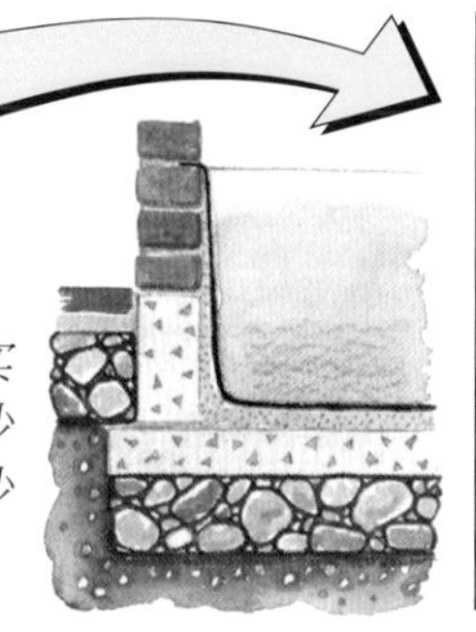

这片衬垫底下是压实的混凝土地基上的沙子，四周空隙也有沙子支撑。

缺点

刚性衬垫面积较小，只有固定的形状可选，比较受局限。所以如果你想按照自己的设计修建大池塘，那么刚性衬垫则不适合。

传统的混凝土衬垫

混凝土衬垫，方法1（*抹灰法*）

用混凝土修建池塘比现代的各种方法都要早，混凝土衬垫需要大量的工作，不过有些人会觉得这种活儿非常有乐趣。这种方法非常适合较浅的天然池塘。用细铁丝网围起坑的各边，混合混凝土至黏稠，然后将其抹在池塘各边，直到堆起的混凝土糊住铁丝网。采用木抹子抹平混凝土表面，用塑料纸盖住，待其慢慢变干。

混凝土衬垫，方法2（*模板法*）

这是修建方形下沉池塘的不错选择。挖一个平底的方形坑，往里灌150mm厚的混凝土并压实，表面光滑且平齐。等它干燥后，在坑内各边200mm处立一块胶合板，光滑面面向土壤。用混凝土填满坑边和木板之间的空隙，构成池塘的墙壁。

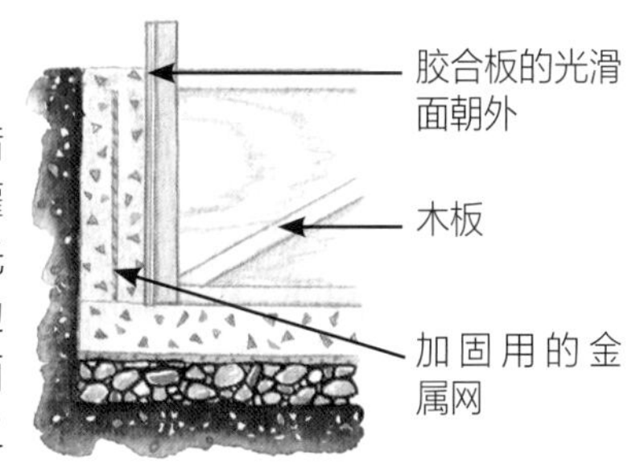

采用“模板”胶合板制作木箱，以控制成本。

用灰泥抹砖墙、砌块墙和石墙

混合一些水泥较多的灰泥。打湿墙壁。用木抹子蘸灰泥抹墙壁，直到灰泥累积到30mm厚。从底部往上抹，直到墙壁完全涂抹完毕。

在灰泥变硬时，使用钢抹子涂抹光滑。最终，等待48小时后在刷好的墙上刷上防水涂料。

水坑

水坑是为水泵给水的蓄水池。传统的水坑是一个小砖盒，各面都粉刷过且涂上了防水涂料。或者，也可买现成的预成型塑料水坑（见第21页）。

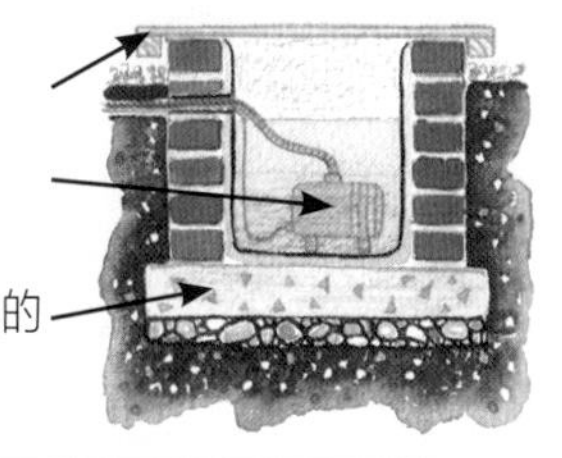

其他加衬底的方式

如果你家庭院里有很多黏土，就可以用它来为小而浅的天然池塘作衬底。挖出黏土，移走所有的石头。趁着黏土还潮湿，在池塘底涂厚厚一层，然后用脚踩实，直到变成均匀的一体。让黏土干化，直到变成潮湿的干酪状的同质体，然后灌水进去。记住，绝对不要等黏土干透开裂再灌水，黏土越厚越好。

水泵和过滤器

如何选择水泵？

水泵是用来抽水的。如果你想将水从一个池塘抽到另一个中，或者打造一座喷泉，或将水抽到高处做跌水景观，那你就需要一台水泵。选一台低压潜水泵，功率要足以支撑你想要的水景。根据水泵的大小、水景的类型、是否养鱼等，你或许还需要一台过滤器并与水泵连接。

小功率的水泵 小池塘和水景用

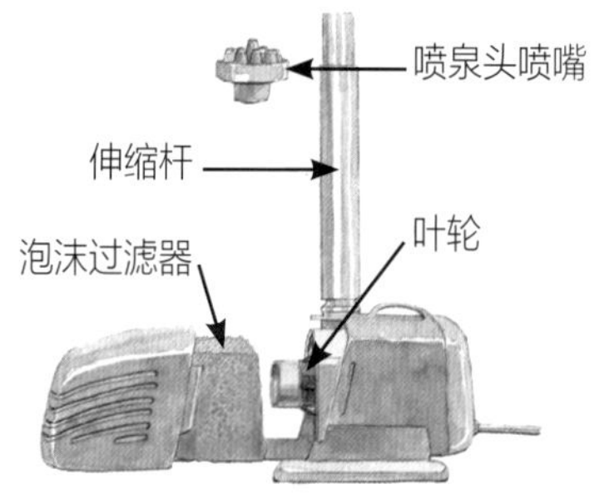

一台小型低压水泵，辅之以一根伸缩杆、喷泉头喷嘴和保护活动部件所需的过滤器。

如何挑选水泵

挑选水泵时要考虑水泵的耗电量、功率，以及你希望每分钟或每小时要抽多少升水。

如要打造喷泉，则要考虑头高（水面到喷泉喷嘴的垂直距离）是多少？头高越高，则水泵的功率就要越大。

单独的过滤器 大池塘用

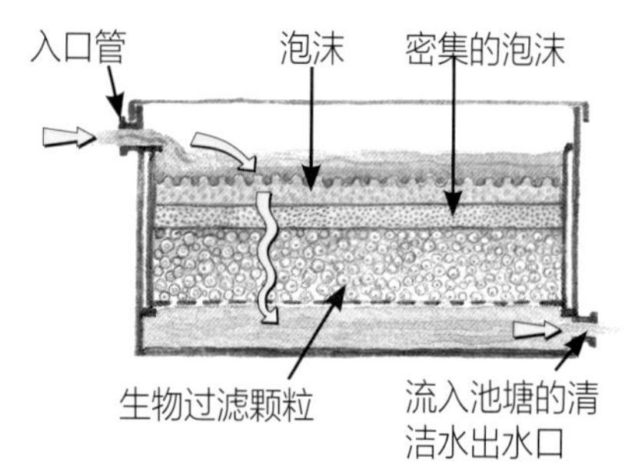

机械—生物过滤系统，带有颗粒泡沫过滤器和水净化生物过滤器。

电力和安全

- 在水泵和电源之间安装断路器，以保护自己不触电。
- 确保电力系统（所有电缆和插座）都是专门为户外用途所设计的。
- 接通电源时，不要将手伸入水中，就算安装了断路器也不要这样做。

水泵功率

头高和喷射高度越高，所需的水流速度越快。通过计时多久可以放满一个已知容量的容器，计算水泵的水流速度，如果10分钟可以放满100L，水流速度就是每小时600L。

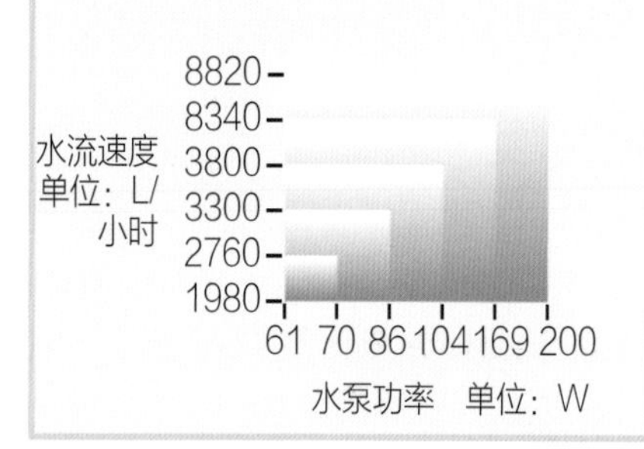

喷泉安装

最常见的安装方法是直接安装，适用于通过延长管或将水泵直接安装在小雕像下面，喷泉头直接从水泵中出来。间接安装比较不太常见，这种方式使用远程水泵，效率较低，不过维护比较简单。安装小雕像喷泉（嵌入水管和喷泉头的雕塑）时，将水泵安装在平坦的底座上，为小雕塑修建基座，使用软管将水泵连接到小雕像喷泉的基座上（更多喷泉信息，见第50~51页）。

喷泉和植物

有些植物不喜欢喷水，尤其是阔叶植物，比如睡莲。如果你种的植物有这种问题，可以将其种在喷水区域之外。

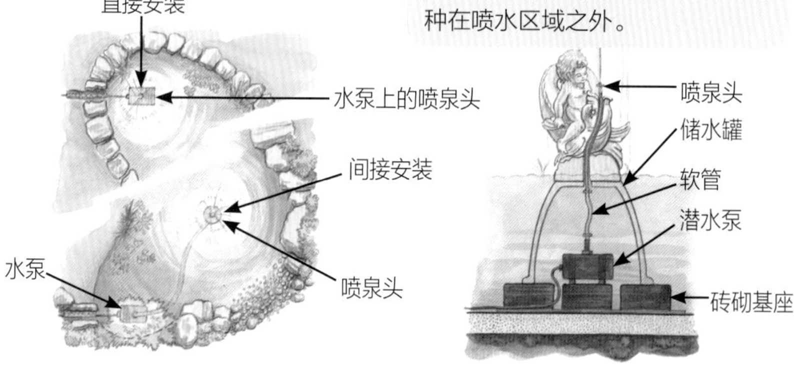

↗ 喷泉安装：直接安装及水泵安装在池塘岸上的间接安装。

↗ 间接安装小雕像喷泉。用砖块和水罐将小雕像抬升到恰当的平面上。

水坑安装

“帽式”水坑是种预成型的塑料蓄水池，用来承载足量的水以供水泵抽取。水泵安装在喷泉或雕塑下的集水坑里。水坑不贵，而且易于安装。

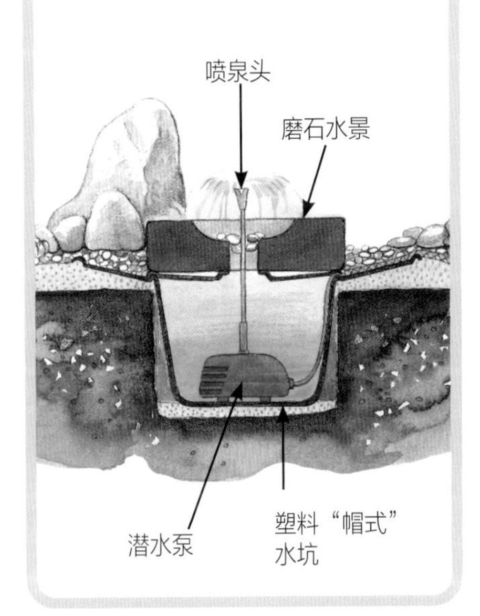

瀑布安装

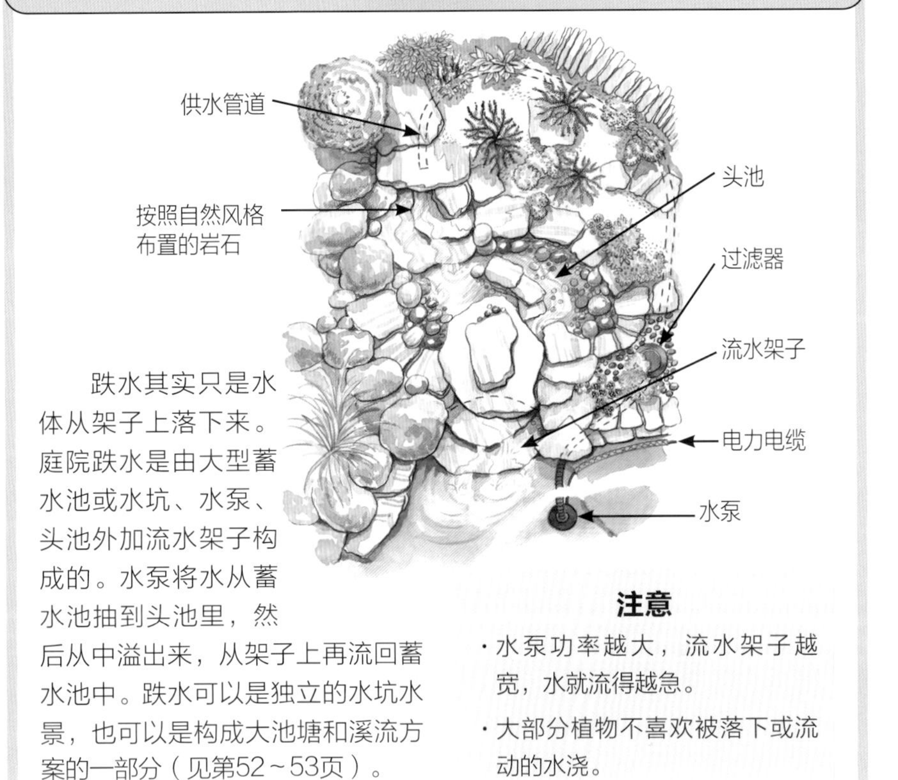

跌水其实只是水体从架子上落下来。庭院跌水是由大型蓄水池或水坑、水泵、头池外加流水架子构成的。水泵将水从蓄水池抽到头池里，然后从中溢出来，从架子上再流回蓄水池中。跌水可以是独立的水坑水景，也可以是构成大池塘和溪流方案的一部分（见第52～53页）。

注意

- 水泵功率越大，流水架子越宽，水就流得越急。
- 大部分植物不喜欢被落下或流动的水浇。

池塘水泵和过滤器安装

小潜水泵自带一体化的泡沫过滤器，以保护活动的部件。大型鱼塘和没有植物的观赏性池塘需要配备外置过滤池，以保障水质。

流回池塘的过滤器出口
埋在地里的过滤器
水泵入口
水泵
过滤器水管

其他过滤方式

大池塘可以通过修建传统的岩石、沙子和木炭过滤池过滤。

鱼塘可以使用紫外线过滤器，以保障水始终澄澈。

水泵接头和配件

水泵功率越大，各种管道和配件的直径就越大。如果你决定更换某个配件，那么要检查直径是否相匹配。虽然供水管道有螺纹，以防扭曲，不过要始终将其放置成弧度较大的曲线，或放置在斜角角落里。要保证所有配件与水泵大小和螺纹兼容。

清理水泵和过滤器

每周检查一次设备。对于普通水泵，要先关闭电源，从水中捞起水泵，解开过滤器盖子上的夹子，取下泡沫过滤器，在温水中清洗全部设备。

如果你家的过滤器是独立放置的，那就先从过滤腔中移除泡沫和刷子，在水中清洗。从过滤腔中抬起生物玻璃、塑料及陶瓷过滤器篮子。不要取出其中的藻类，因为藻类是自然净化过程的一部分，只需挑出其中的杂物，清理过滤腔即可。

水管和电力电缆

需要用哪种管道?

如果池塘装有过滤系统或修建了喷泉，那么就需要安装电动泵和水管抽水。对于其他水景也是同样的要求。电力电缆外面要有管道保护，所有管道通常埋在地下，隐藏在看不到的地方。铺设电缆最简单的方式就是使用有螺纹的塑料管，也叫作装甲软管，这种软管可以弯成较大的曲线，而不会扭曲打结，不过如果要装在逼仄的直角角落里，应搭配管道接头使用。

注意事项

要求 确认管道是否需要埋在地下，隐藏在看不到的地方。

外观 如果一条管道要放在看得见的地方，你喜欢用有螺纹的塑料管，还是喜欢用口径更小的塑料管或铜管？你想让管道成为整个设计中最具有观赏性的部分吗？比如采用铜或铅喷口？

安全 管道系统是否可以避免埋在庭院活动较多的区域（比如日后要在上面用铁锹或叉子作业的地方）？

维护和重新安装 确认是否方便检查或更换电力电缆及水管。

要使用断路器，以保护自身安全

为安全起见，庭院所有电气系统都需要安装剩余电流动作保护器（RCD），一般叫作断路器或安全断流器。这种设备既便宜又有效，很有必要安装，因为如果电缆遭到破坏，就会马上断电，防止意外发生。

安装水管和电缆管道的方法

越过池塘边缘的管道（避免刺穿衬垫）

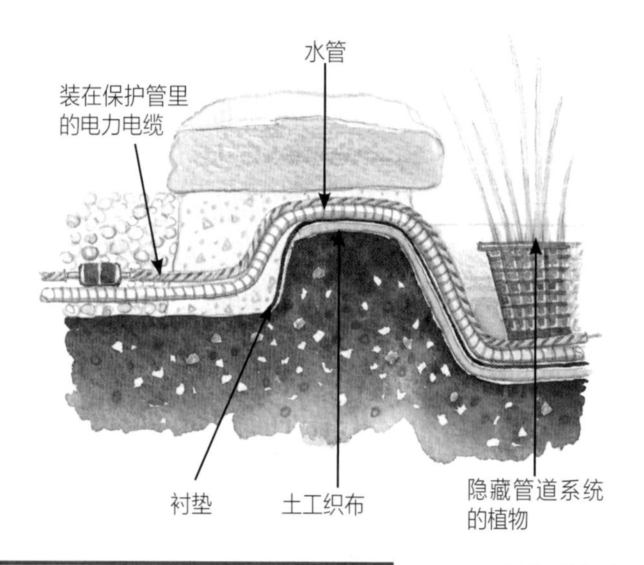

穿过法兰的管道（管道刺穿衬垫）

水管（也包含电力电缆）

两面都是丁基衬垫的土工织布

衬垫自内墙底部穿过，往洞的上部延伸

夹在丁基上的金属夹

延伸过水管的丁基边沿

保护电缆

将电缆穿进管道，然后用一层旧瓦片覆盖管道，给予电缆双重保护，可以防止庭院叉子或铁铲带来的意外破坏。

↖↗ 最好避免在池塘壁上打洞让水管或电力电缆穿过，因为这样很难确保池塘的密封性。需要越过池塘时，最简单的方法是将管道沿着池塘墙壁外侧铺设然后埋入水底。如果管道系统必须穿过池塘墙壁，那就要根据池塘的建筑构造采取不同的方式。如果衬垫是丁基材质，那么可以钻一个小孔将管道塞进去，这样可以确保密封性，然后在丁基法兰上固定一个夹子。如果采用的是刚性衬垫，那么需要在洞口处使用水槽接头，再加上螺母、螺栓、垫圈和密封剂。

管道工程的案例

简易池塘喷泉安装
管道隐藏在基座底下

➔ 水泵固定在混凝土板上，用倒置的大花盆，或者是专门修建的砖膛隐藏起来。将小雕像放置在这层遮盖物上，用一条软管向下穿进内膛并与水泵相连即完成。

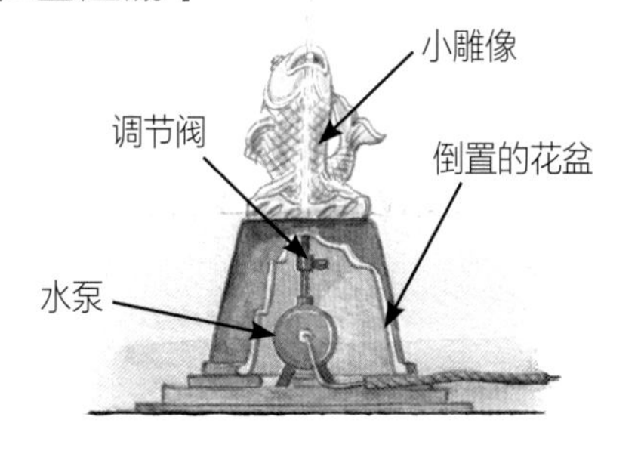

户外电缆

所有电缆、固定装置和配件必须选择为专门户外使用的，且要有装甲软管保护。安装一个断路器。在进行改动之前，先切断电源。如果不放心自己的技术，就要请专业电工为你做这项工作。

过滤器安装在池塘外

➔ 将过滤器安装在池塘一侧，要么隐藏在灌木丛中，要么放在专门修建的小棚子里。过滤器必须安装在池塘的整体最高点处，比水泵和池塘都要高。水泵将水从池塘里往上压进过滤腔中，水穿过过滤泡沫除去固体颗粒，继续穿过生物过滤器，然后往下从出口管出来。水穿过过滤器后就足够干净，可以流回池塘中了。

将过滤器安装在尽可能远离水泵的地方，这样过滤后的清水就可以充分分散在池塘四处。如果水泵和过滤器出口靠得太近，那么过滤过的清水就有可能马上被吸回过滤器，池塘中其他部分的水也会因此无法过滤。

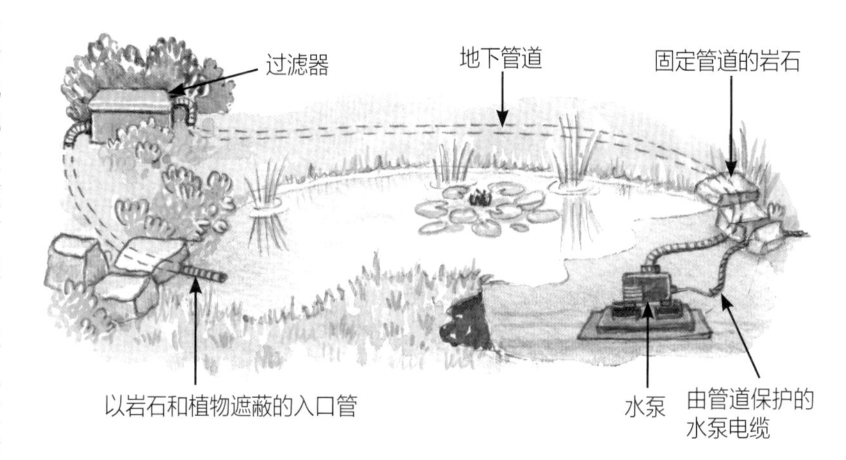

自带水坑和小水泵的独立水景

➔ 对于小型的独立水景，比如迷你喷泉，水泵要直接安装在这种水景的水坑中。电力电缆蜿蜒穿进水坑中，由岩石或植物掩盖。

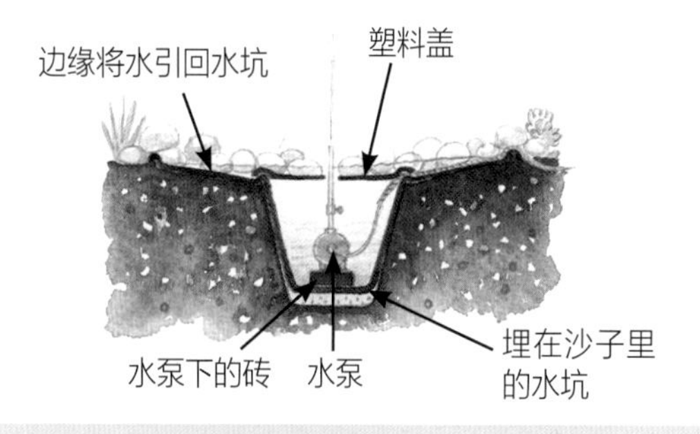

太阳能

如果你喜欢带小喷泉的池塘，但选址却距离电源很远，或者你就是不想让很多电缆蜿蜒穿梭在庭院中，那就考虑修建小型而独立的太阳能喷泉。虽然这适合很多类型的池塘，比如小型抬升池塘，但其缺点是目前整体太阳能集热器相当庞大、不雅观，且只有光照充足时才运作，还要远离四处延伸的树枝。

用岩石和植物掩盖管道

如果管道无法埋在地下（比如在已经建好的露台上或者是屋顶庭院），那就可以巧妙地用岩石、花盆、砖块和植物掩盖。最好是在水景完工后观察几个星期，再仔细考虑管道工程如何隐藏在看不到的地方。可以修建迷你假山，或就在墙壁后面铺设管道，用一排盆栽植物遮挡住。

将管道融入整体设计中

项目可以这样设计，从过滤器内出来的水流入池塘中，形成一条开放的溪流，甚至可以打造传统黏土沟渠或石质溪沟。你可以采用本身就很美观的管道，比如铜管、铅管、黄铜管或不锈钢管。小口径铜管可以用在露台水景上作为整体电路防护管，这就变成了整个设计的特色。

形状和风格

如何选择自家池塘的形状和风格?

你家庭院的形状、规模和位置在很大程度上决定了你家池塘的形状、规模和位置。不过，无论池塘是大是小，是规则的、抬升的、下沉的、日式的、野生动植物型的，有没有水泵和喷泉，最终可以决定池塘风格的还是你自己的喜好。花点时间参观公园、水景庭院和允许参观的豪华宅邸，欣赏更多不同的池塘风格，开阔你的视野。

需要考虑的事宜

围绕庭院走一走，结合太阳围绕庭院升起和降落的方位，决定池塘的方位。要记住，池塘不像花坛，你无法轻易重新建造来满足你不断变化的喜欢和厌恶需求，池塘是更为永久的景观。

首先观察你家庭院的整体形状和规模，列出你想保留的东西；其次考虑一下家人们的生活方式，以及你们周末一般怎样使用庭院；然后召开一次家庭会议，考量所有可能的选择，列出需求清单，最后以此为出发点，开始拟定详细的规划。

拟定的池塘是否和庭院和谐相融，或者你有没有试着让池塘适应庭院的风格?

你有没有设想过听着喷泉柔和的流水声是什么感觉?

你想打造里面有青蛙、蟾蜍及很多淤泥的野生动植物池塘吗？你想种很多蔬菜吗?

理想状态下，池塘是否不需要过多维护？或者，你愿意花费大量时间照料水泵和水坑吗?

你喜欢岩石、碎石、草地、木平台或瓷砖吗?

你想让池塘呈现特定的风格吗？比如日式?

你需要考虑孩子或老人的安全问题吗?

池塘形状

池塘的形状、功能和结构息息相关。比如，如果你想建一个铺有瓷砖的精致池塘，你要一块砖一块砖或一块石头一块石头地砌，而不能用没有支撑的丁基衬垫铺设。根据你家庭院的规模，考虑你想要的池塘形状和位置，如有可能，再看一看有哪些附属设施可选。

下沉池塘

你可以将下沉池塘修建成任何你喜欢的形状。柔性的丁基是最通用的衬垫，因为它可以轻松适应各种形状的池塘。

几何形状

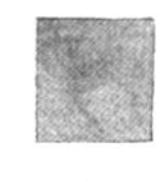
正方形

八边形

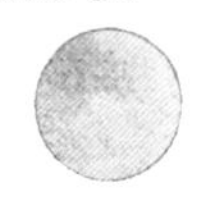
圆形

六边形

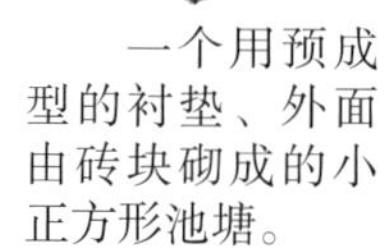
矩形　长椭圆形　半圆形

虽然相比复杂的几何形状，正方形和圆形池塘更容易修建，但修建这两种形状也需要大量的建筑专业知识。

不规则形状

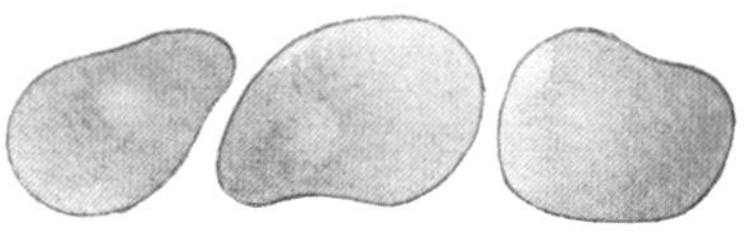

不规则形状是所有形状中最简单的形状，你只需挖一个不规则的坑，用砖给它加边，再用柔性丁基衬垫为衬底即可。

组合形状

使用砖块修建正方形池塘。使用砖块和丁基衬垫修建不规则形状的池塘。

抬升池塘

抬升池塘通常都是几何形状，由砖块或石头砌成，用灰泥或丁基衬垫铺底，这样修建比较简单。

几何形状

一个用预成型的衬垫、外面由砖块砌成的小正方形池塘。

不规则形状

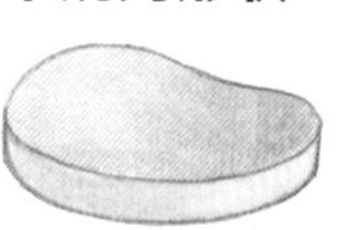

一个用预成型衬垫、外面由木料围起的肾形池塘。

组合形状

一个由瀑布、砖块垒砌、丁基衬底的台阶式池塘。

下沉池塘和抬升池塘的组合

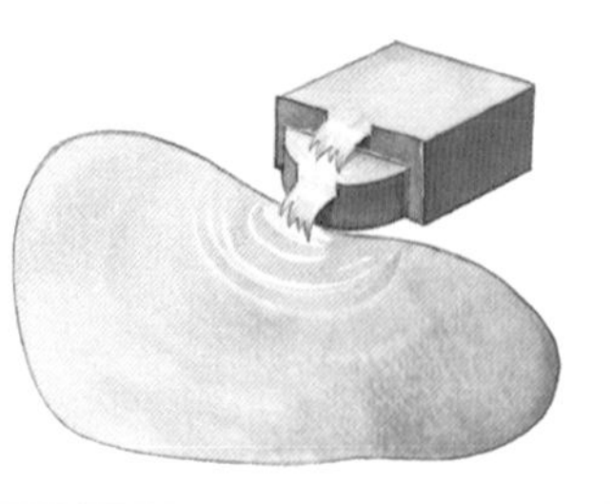

下沉池塘搭配跌水，抬升的头池可以用预成型的衬垫和砖砌而成，主池塘用砖块砌成并铺设丁基衬垫。

池塘风格

池塘的风格必须与庭院的风格及所处环境相协调。规则池塘通常是几何形状，轮廓分明，非常适合城市庭院。城市庭院设计中带有小型水景的小型日式池塘也相当美观。大型的乡村庭院选择余地更多，池塘可与庭院的整体主题相融合，你也可以打造特定风格的特别庭院“景观房”，将池塘作为其主要特色。

↑ 这是草坪中的矩形池塘，旁边的旧式人字形花纹砖砌露台是观赏鱼儿的最佳位置。不规则种植的植物形成了草坪的边缘，同时蔓延到了露台上。

↑ 这是一个圆形的不需要花大量时间维护的小池塘，成为了大露台的一部分。一组盆栽植物打破了其规则性，还能够为鱼儿遮阴。这个池塘也可以嵌在石砌露台或坐落在草坪中央。

← 一个野生动植物池塘，带有沙滩、沼泽和假山。混凝土环形地基是为了环绕池塘修建砖砌挡土墙，池塘加了土工织布和丁基衬垫。客人们喜欢的各种野生动植物，比如鱼儿、青蛙和植物都汇聚池中，这个池塘差不多占据了整个庭院。

→ 如想要在打造好的小巧的日式庭院中修建小池塘，可选的形状和材料取决于庭院主人对特色日式意象的喜爱程度。图中最终呈现出来的是美丽、容易打理的池塘，非常适合小巧的城市庭院。

更多风格

池塘风格必须参照选址的环境及你想营造出的“心境”。

如果你想打造野生动植物池塘，则受限很小，可以是日式池塘、引用经典景致的浪漫的池塘，也可以是靠近房子的沼泽池塘，一切都有可能。

如果你喜欢井然有序、规则性以及经典的对称性风格，那就选择综合主题的池塘，可搭配露台、规则池塘和台阶。

如果你想营造出紧迫感和兴奋感，那你的池塘风格可以融入流动的水，比如湍急的溪流、带瀑布的沟渠以及经典的壁挂喷泉。

你可以设计很多圆形的元素，比如圆形池塘、圆形花坛、圆形露台。

刚性衬垫池塘

刚性衬垫池塘好像很容易修建，对不对？

乍看起来，使用刚性衬垫是个简单的池塘修建方式，你只需选择一种池塘风格，根据你的需求决定其形状，那么池塘就完成了四分之三了。不过，很多专业人士是这么形容刚性衬垫的：买着容易、看着不雅、安装棘手。刚性衬垫的主要问题并不在于真正的安装环节，而在于安装前的规划，要考虑如何将边缘隐藏在视线之外。

什么是刚性衬垫？

刚性衬垫是一种由玻璃纤维或塑料制成的预成型的形状，像大浴缸。预成型的衬垫有正方形、矩形、圆形，还有“天然形状”。

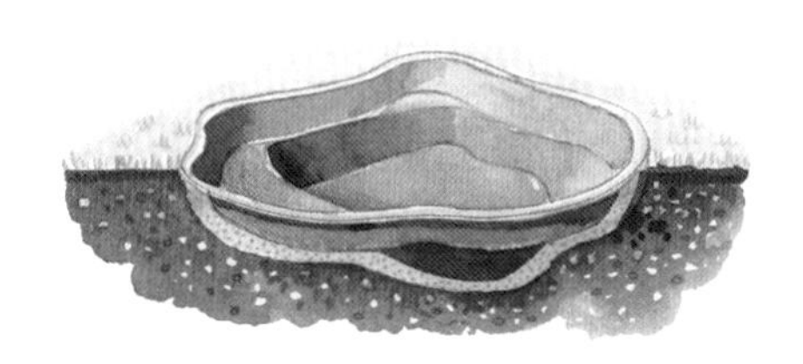

刚性衬垫的优点和缺点

优点	缺点
✔刚性衬垫已成形，容易想象池塘最终的形状。	✘刚性衬垫很难安装，要确保其抵御水流的能力，还要确保其美观性。
✔刚性衬垫可以买现成的，不需要设计形状。	✘选择较为有限，刚性衬垫面积较小，看起来很像塑料且闪闪发光、很难清洗。
✔最优质的玻璃纤维衬垫可以维持很长时间，而且相对容易修补。	✘刚性衬垫很贵。
✔圆形衬垫非常适合整洁的抬升池塘，而且不会裂缝或起褶皱。	✘刚性衬垫不适合绝缘的池塘。

可以选用刚性衬垫的池塘

下沉或抬升池塘

刚性衬垫可以安装到坑里，这样其边缘就会与地面齐平，打造成下沉池塘。不过，也可以将刚性衬垫放在地面上，打造规则的抬升池塘，周围由砖墙或石墙围绕，墙顶由瓷砖、砖或石块铺砌而成。双层厚的墙能为衬垫提供很好的支撑，并使其隐藏在看不到的地方。

下沉池塘使用的刚性衬垫

没有种植架的不规则形状

有一个种植架的不规则形状

周围都是种植架的不规则形状

有架子的不规则形石潭

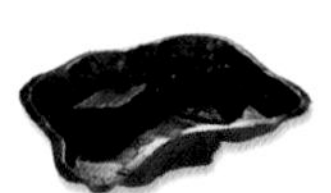

带纹理的岩石池塘

抬升池塘用的刚性衬垫

周围都是种植架的矩形

周围都是种植架的圆形

规则池塘直边形状

没有种植架的圆形

自然形状的水道

形状、风格和规模

虽然厂家逐步加大了自己所生产的刚性衬垫面积（现在有家厂商生产的单位面积为3m×2m），不过很多刚性衬垫还是很小。通常来说，你可以选择正方形、矩形、圆形和未知的不规则形状的衬垫。大正方形和圆形衬垫非常适合用在抬升池塘中，不过小型不规则形衬垫最适合用在迷你野生动物池塘中，其边缘可隐藏在很多边缘植物里。

选择塑料还是玻璃纤维材质？你想让池塘维持多久？

塑料 塑料衬垫铺设的池塘寿命很短暂，差不多可维持5年，如果你想修建临时池塘，这就是最佳选择。

玻璃纤维 玻璃纤维衬垫铺设的池塘可以维持25年左右，如果衬垫安装在不会被曝晒的地方，可能会维持更长时间。寻找最优质的玻璃纤维材质衬垫，不要在修建提供支撑的地基和墙壁时偷工减料。

可以考虑的特殊景观

各种面积、颜色、风格和材质的刚性衬垫都有售，所以多花点时间寻找最能满足你的需求的材质。仔细观察垂直面如何与水平面接合，不要买那种看起来有裂纹的材质。如果你想种很多边缘植物，那么要确保衬垫上有很多种植架。

用刚性衬垫修建池塘

如何利用刚性衬垫修建下沉池塘

不规则形状

植物可以模糊池塘边界

池塘边缘覆盖有岩石和碎石

宽阔的混凝土环形地基（150mm厚）

支撑种植架的沙子

混凝土板地基（150mm厚）

↗ 不规则形状的池塘平放在地面上。大卵石、碎石和繁茂的植物掩盖了衬垫的边缘。

规则形状

包住露台边缘的砖

用灰泥砌的砖边

边缘底下的混凝土

支撑衬垫各边的沙子

种植架底下的混凝土（100mm厚）

混凝土板地基（150mm厚）

↗ 位于砖砌露台中的圆形池塘，它与地面起平，周围是砖砌的边界。

如何利用刚性衬垫修建不规则形状抬升池塘

↘ 带有一个种植架的不规则刚性衬垫池塘，池塘周围是货真价实的石砌挡土墙，铺有石板墙顶。

第2步

砌一道砖墙（规模随所选的池塘而定）以支撑种植架。在混凝土板和墙顶覆盖50mm厚的沙子，然后安装好衬垫，所有小孔都用沙子填满。

第1步

铺设一块混凝土板（150～200mm厚），覆盖整个池塘选址区，宽度足够容纳衬垫和周围宽阔的墙体。在地面以下约100mm处铺下这块混凝土板。

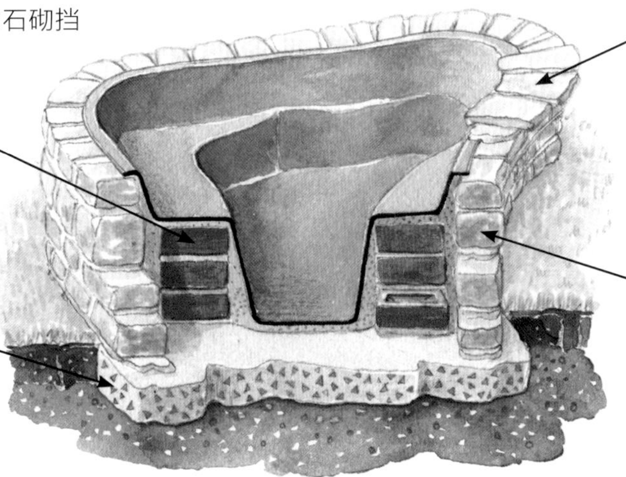

第4步

在衬垫边缘底下铺好沙子，在铺砌墙顶石板时，抹一层厚厚的灰泥，这样边缘就会溢出来一段，遮住衬垫和石墙。

第3步

修建宽阔的石砌挡土墙，与下沉边缘的底部相接。在修建过程中，砖墙和石墙之间的缝隙用沙子填满。

至于如何利用刚性衬垫修建规则形状抬升池塘，见第30页。

正确回填的重要性

回填这个环节可以使铺有刚性衬垫或柔性衬垫的池塘底下填满并压实，以确保地面稳定，衬垫有了支撑就不会下沉进入缝隙中。先回填土壤，然后再填充细沙，填满各种细缝。用带莲蓬头喷嘴的洒水壶打湿沙子，这样沙子就会下沉压实。详见第15页、第18～19页。

边缘处理

刚性衬垫的边缘可以用泥土、岩石、砖块或混凝土板覆盖。如果你使用的是岩石、砖块或石板，要确保这些材料比较重的部分不压在衬垫边缘上，然后将之铺在混凝土上，这样就不会往池塘里滑落。不同类型的边缘示例见第38～39页。

管道工程

池塘或水景可能需要铺设管道工程，主要需要两根管道，一根引水，一根铺设电缆（见第22～23页）。

管道工程并不美观，所以最好试着将其埋入池塘里，而不是放置在看得见的地方。最简单的方式通常是将管道铺在池塘边缘上面，用岩石和植物掩盖。大多数管道可以埋在地下，由砖块或瓷砖保护，顶上铺上泥土。

柔性衬垫池塘

柔性衬垫看似很难安装，是这样吗？

在所有修建池塘的方式中，使用柔性衬垫是最简单的方式。可能有人会说，在整理池塘边缘的时候有很多问题，尤其是在修建抬升池塘或者修建周围都是种植架的不规则池塘时。不过相对而言，使用柔性衬垫可以修建你喜欢的任何形状的池塘。如果你想修建别出心裁的池塘，那么这就是你需要的方式。

什么是柔性衬垫？

柔性衬垫是一张成卷或大小既定的材料。其面积从2.5m²至30m×20m不等。聚乙烯是最不耐用的，聚氯乙烯更结实点，丁基最为耐用。

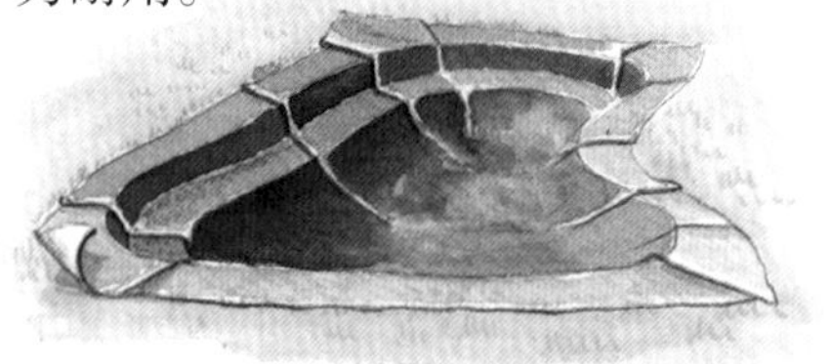

柔性衬垫的优点和缺点

优点

- ✔ 池塘可以是任何规模，任何形状。
- ✔ 柔性衬垫最为经济。
- ✔ 你可以根据自己的预算，选择柔性衬垫。
- ✔ 你可以找到与自己的预算相匹配的材质，最便宜的能维持5年，最优质的丁基衬垫最多可维持35年。

缺点

- ✘ 柔性衬垫很容易被树根或后期因粗心大意而被工具刺破。
- ✘ 铺设深池塘时意味着衬垫边缘会产生很多缝褶。
- ✘ 铺设衬垫需要大量的准备工作和子结构，尤其是种植架底下以及边缘，要铺设混凝土地基，修建砖墙，在一侧或两侧加支撑物。

柔性衬垫的选择

你要修建下沉池塘还是抬升池塘？

无论下沉池塘还是抬升池塘，柔性衬垫都很适合铺设。柔性衬垫最适合野生动植物池塘，诀窍就是设计和修建池塘时尽可能地将衬垫藏在视线之外。修建抬升池塘稍微难一点。

形状、风格和规模

聚氯乙烯和丁基一般是矩形，所以最经济划算的方式就是修建矩形池塘。

如果你修建圆形或自然形状的野生动植物池塘，修剪衬垫剩下的边角料可以都铺在喷泉底下，或者最好还是当作沼泽区域的衬垫。

如果你想修建较深的圆形或自然形状的池塘，其边缘肯定会有很多褶皱和卷起的地方，因为衬垫无法完美贴合池塘各边，你必须接受这一点。如果想克服这个问题，最好在设计池塘时，让衬垫边缘完全隐藏在看不到的地方，要么埋在地下、大卵石、沙滩、重石板地下，要么隐藏在砖块或草地下。池塘直径一定的情况下，池塘越深，修建难度就越大。

选择衬垫材料

聚乙烯 这是最便宜的材料，只适合很小的池塘。在底下加支撑物，可以维持3～5年时间。

聚氯乙烯 相对廉价的材料。如果你使用最优质的聚氯乙烯，在底下加支撑物，按照所有说明铺设，最多可维持15年时间。

丁基 丁基比聚氯乙烯贵两倍，不过保证能维持25～35年的时间。如果你想让池塘维持得久一点，那就可以选择这种材质。丁基衬垫底下也需要加支撑物。

支撑物的重要性

支撑物可以保护衬垫不被尖锐物体刺破，比如树根和尖锐的石头。如果衬垫要藏在较重的物体下面（岩石或泥土），那么衬垫两边都需要加支撑物。

土工织布 一种耐用的合成垫子，更像是过去用在地毯底下的柏油纸衬底。土工织布是用来保护衬垫不被石头和树根刺破，避免衬垫因为水压将其压向多沙的地面而渗漏。有些衬垫的底下需要铺优质的土工织布支撑，才可以保证维持多年。

土工织布的替代选择 相比使用土工织布，有很多替代选择，比如细沙、屋顶保温层、地毯衬垫、旧地毯或报纸，如果以省钱为目的，而将昂贵的衬垫用在易被损坏的地方，那就得不偿失了。

计算衬垫和支撑物区域

假如，池塘有5m长、4m宽、1m深。首先，将深度加倍并将长度测量值加1m，计算衬垫的整体长度，这样就会得出8m的总长。将深度测量值加倍，将宽度测量值加1m，这样就得到7m的总宽。你需要一张8m×7m的衬垫，总面积56m²。

用柔性衬垫修建池塘

不规则形状和天然边缘的下沉池塘

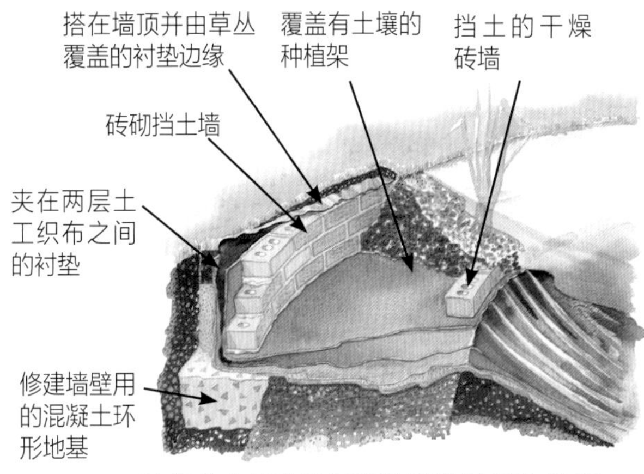

↗ 边缘带有植物种植架的野生动植物池塘。

不规则形状和砖边的下沉池塘

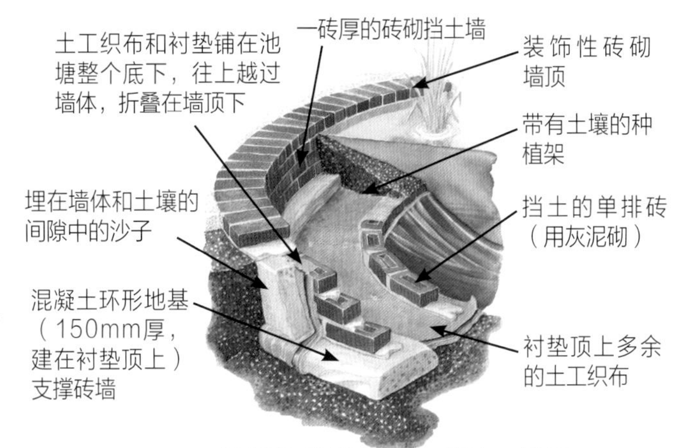

↗ 半规则式下沉池塘，带有一道看得见的砖边和一个种植架。

矩形砖边下沉池塘

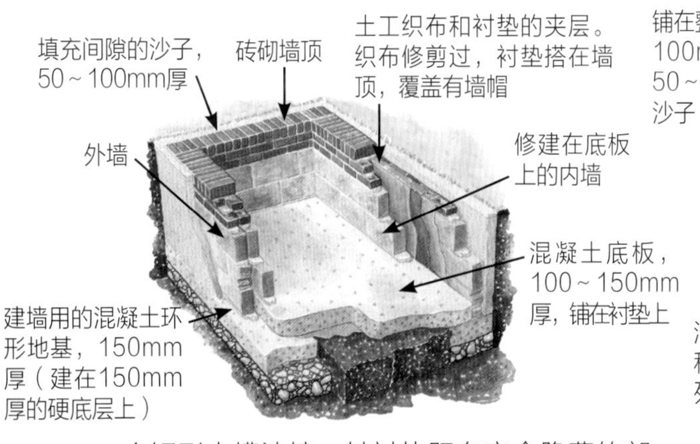

↗ 一个矩形水槽池塘，其衬垫既有完全隐藏的部分，也有由底板和空心墙保护的部分。

周围是铺砌路面的圆形下沉池塘

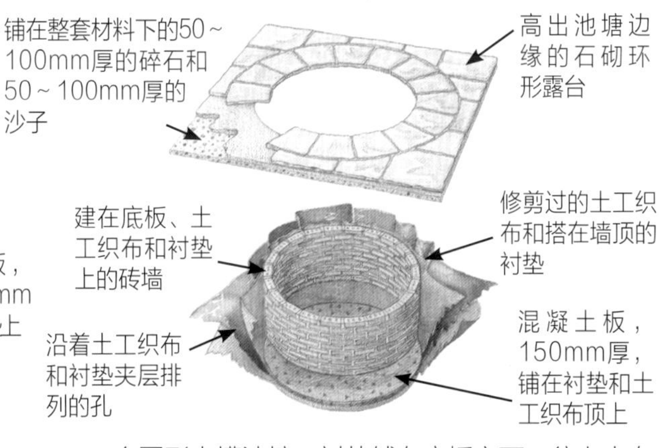

↗ 一个圆形水槽池塘，衬垫铺在底板之下，往上夹在砖墙和土壤之间。

不规则形状的抬升池塘

↘ 一个带有砖砌内墙和石砌外墙的抬升池塘。土工织布和丁基衬垫夹层铺在地上，往上夹在砖墙和石墙之间。

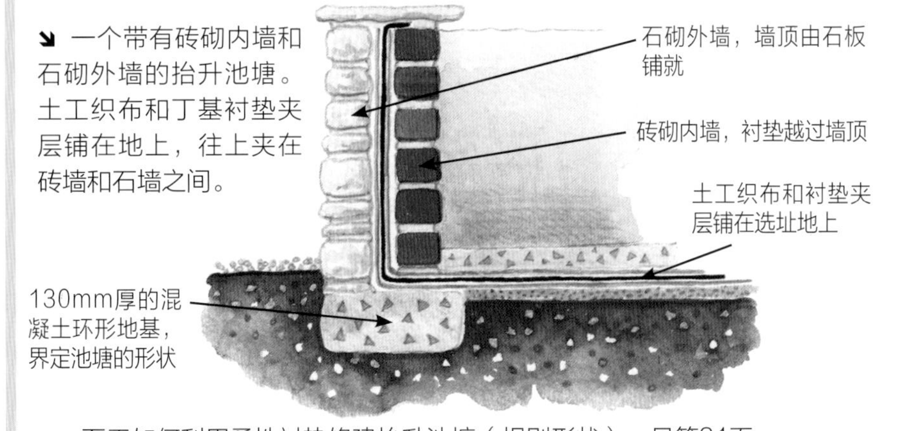

至于如何利用柔性衬垫修建抬升池塘（规则形状），见第31页。

边缘处理

边缘的处理主要是为了保护和隐藏衬垫顶部边缘，方式取决于池塘的设计。如果是野生动植物池塘，可以简单地用土壤覆盖。如果是抬升池塘，就需要修建至少250mm宽的墙壁。修剪好土工织布，与衬垫边缘悬垂的部分保持一定距离，之后将用大量的灰泥筑边（见第38~39页）。

管道工程

管道工程必须在项目的一开始就规划好所有细节。最好将管道铺在池塘边缘上方（见第22~23页）。

抬升池塘

我如何设计和修建抬升池塘？

如果你想修建美观、只需少量维护的池塘，又不想挖坑，那么就可以修建抬升池塘，其中有三种简单的方式。你可以在混凝土板上铺一层预成型的刚性衬垫，周围用砖墙或石墙围绕；也可以修建矩形的环墙，用柔性丁基衬垫铺底；还也可以修建矩形或圆形环墙。

抬升池塘的优点和缺点

优点

- ✔ 不需要进行挖深坑这样的累活儿。
- ✔ 日常维护只需要稍微弯一下腰就可以完成，对于老年人来说，这是很实际的加分点。
- ✔ 你可以坐在舒适的休息区观赏鱼儿和植物。
- ✔ 如果你家有小孩，那么抬升池塘比下沉池塘更安全。

缺点

- ✘ 在某些庭院中或许会有点突兀。
- ✘ 非常小的抬升池塘在冬天会结冰，夏天又会过热而导致鱼死亡。
- ✘ 砖墙需要两砖厚，这样墙顶的砖块或瓷砖就会比较容易固定。

水缸

有排空水时可以转移池内动植物的容器（见第68页）。

木质半桶 如果你选择这种容器，一定要用钉子将金属箍固定好，不用处理里面，这样木条就能扩大为一个密不透水的容器。

陶瓷罐 上过釉的精美瓷罐口部边缘比底部要宽阔。

如何利用刚性衬垫修建抬升池塘

↑ ➔ 预成型的刚性衬垫安装在混凝土板上，周围建有环形砖墙。衬垫的边缘搭在墙头上。内墙和衬垫之间的空隙填满沙子，可以支撑衬垫来作种植水生植物的成型架子。

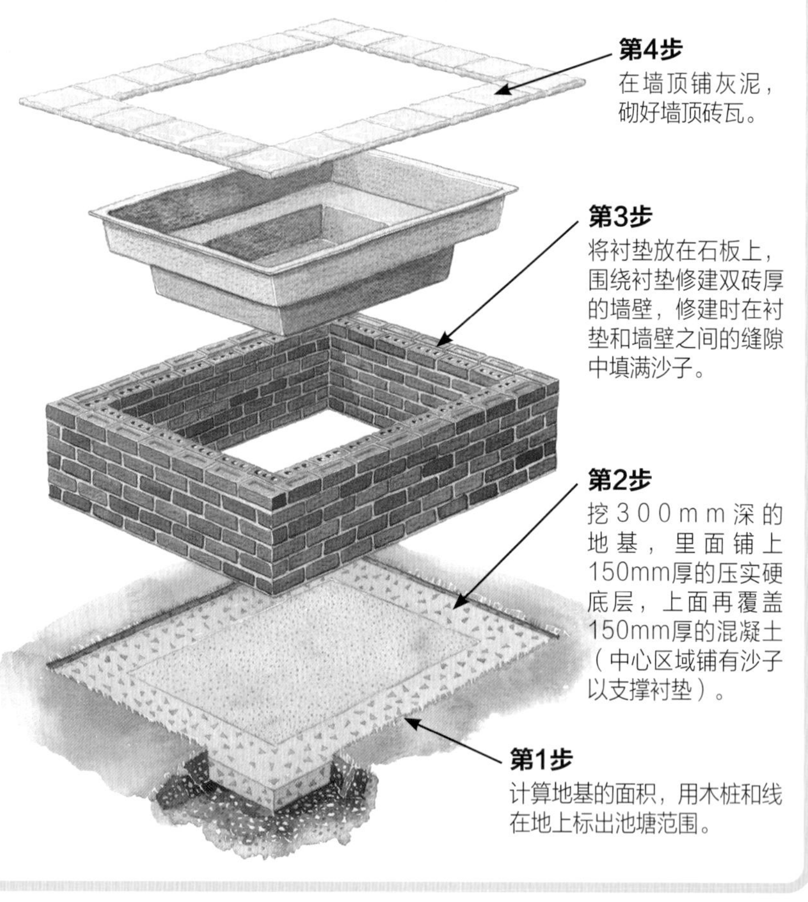

第4步
在墙顶铺灰泥，砌好墙顶砖瓦。

第3步
将衬垫放在石板上，围绕衬垫修建双砖厚的墙壁，修建时在衬垫和墙壁之间的缝隙中填满沙子。

第2步
挖300mm深的地基，里面铺上150mm厚的压实硬底层，上面再覆盖150mm厚的混凝土（中心区域铺有沙子以支撑衬垫）。

第1步
计算地基的面积，用木桩和线在地上标出池塘范围。

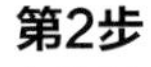

如何利用柔性衬垫修建抬升池塘

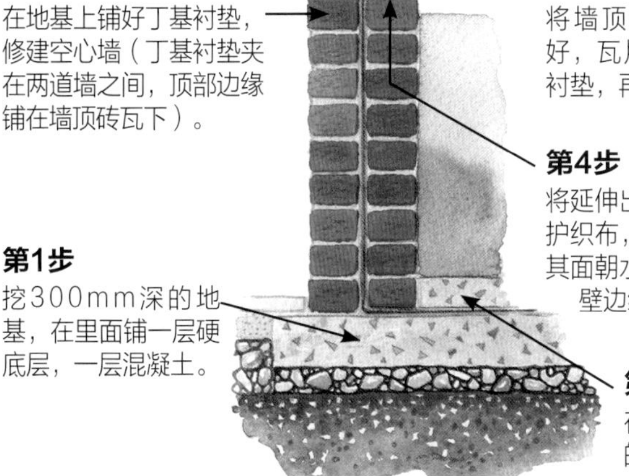

第2步
在地基上铺好丁基衬垫，修建空心墙（丁基衬垫夹在两道墙之间，顶部边缘铺在墙顶砖瓦下）。
第5步
将墙顶瓦砖切割到大小正好，瓦片搭在两道墙上遮住衬垫，再用灰泥将其砌好。
第4步
将延伸出空心墙的衬垫切除保护织布，露出丁基衬垫，并将其面朝水池折叠，修剪得与墙壁边缘齐平。
第1步
挖300mm深的地基，在里面铺一层硬底层，一层混凝土。
第3步
在衬垫上铺50mm厚的混凝土。

➚ ➔ 通过在混凝土板上建造砖砌空心环形墙，底部铺上柔性丁基衬垫（然后将其铺到空心墙之间），你可以将抬升池塘修建成你想要的任何形状。在底部铺一层薄薄的混凝土以保护衬垫。

如何修建带喷泉的圆形抬升池塘

➘ 挖出八角形的地基，在中心留出300mm²大的集水坑，在里面铺满混凝土。修建一道600mm高的环墙。将丁基衬垫铺在集水坑里，再覆盖混凝土，一直延伸至墙壁上。嵌入水坑、水泵和管道。用夯实的混凝土粉刷池塘内壁，用中心轴改造而成的平木模为内壁定型。用灰泥砌好墙顶砖块，将丁基密封在内。

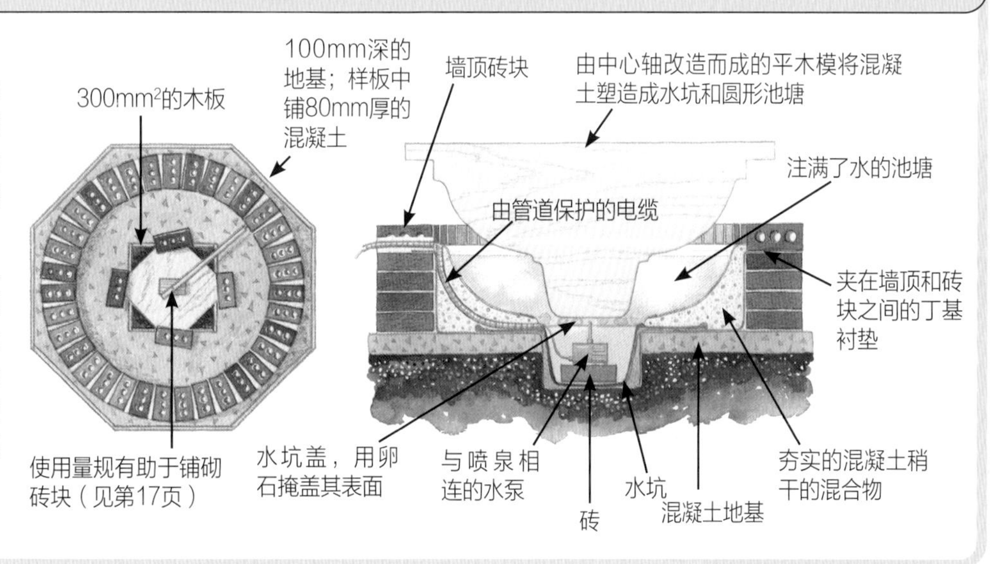

抬升池塘的更多设计

丁基衬垫很明显由台阶式的内墙支撑，打造出种植架。

用粉刷过的混凝土砖修建的外墙，其表面装饰有镶嵌图案。

将丁基衬垫的一半铺在坑里，土壤堆积在地面上。

一道环形砖墙围绕刚性衬垫而建，饰有卵石。

错层式水道

修建错层式水道很难吗？

错层式水道、沟渠、池塘和小溪的修建过程和观赏效果都极为有趣。修建这种水道需要大量的工作，过程可能很棘手，尤其是在平地上修建的话，不过最终呈现的效果却很令人惊艳，让一切的努力都是值得的。如果你喜欢观赏流动的水，那么你一定也会喜欢大片绸缎似的水滑落、折叠、涓涓落下，在阳光下泛起涟漪。

选择

错层式水道的特点是有一个头池及一个蓄水池。水从蓄水池里抽到头池中，头池中的水溢出来，向下流入蓄水池中，再次循环。最精彩的就是水溢出来的样子。

比如说，水必须急速流过一条狭窄的溢洪道，然后缓缓流过一条宽阔的溢洪道，或者平静地落入长长的沟渠中。水落下的样子取决于水泵的功率、两个水池的大小和形状、庭院的坡度、落下的高度、溢洪道的宽度及两个水池之间的距离。你想看到很多水花飞溅吗？那么你就需要一条狭窄的溢洪道和较长的坠落距离，或者你喜欢沟渠平静流淌的感觉？

合适的选址

水流需要从一个水平面落到另一个水平面。如果你家庭院没有坡度，那你就需要打造出落差。

倾斜庭院 地面天然的坡度可以简化修建水槽的过程，可以在不同的水平面上打造相连的水槽，打造阶梯式水道。

露台落差 如果选址几乎水平，那么你可以在抬升露台上安装一个较深的集水槽，这样水就可以借助水槽的高度落下。

沟渠落差 如果选址完全平坦，集水槽可以安装在地面上，然后深挖一个水坑充当蓄水池，这非常适合长长的沟渠。

错层式水道的修建

带地下水坑的沟渠

➔ 沟渠对坡度的要求不高，但要求水泵将水压入沟渠中流淌。在这个例子中，一砖高的台阶充当集水槽，然后在沟渠的末尾挖了一个蓄水池。水泵将水从蓄水池中抽到集水槽中。

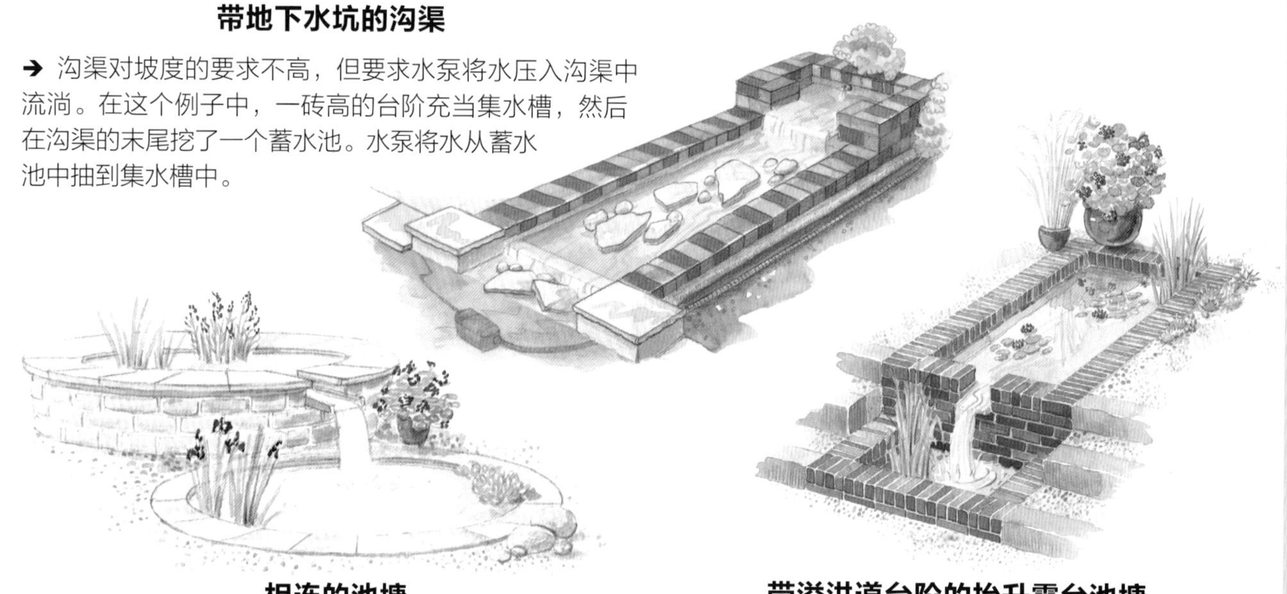

相连的池塘

➚ 如果你想强化现有池塘的效果，相连的池塘就是不错的选择。你只需要在第一个池塘旁边再修建一个池塘，这样两个池塘之间就有了高度差，第二个池塘可以高于也可以低于第一个池塘，不过这将取决于选址的环境和特点。

带溢洪道台阶的抬升露台池塘

➚ 紧邻房子旁边抬升露台错层式池塘极为美观。水泵将水抽到头池中，水从头池中的狭窄泄洪道溢出，形成较为湍急的水流。在水流溢出的点上嵌一片溢出瓦，这样水流会更加动态、更加逼真。这种设计需要好好想清楚，头池的边缘与露台齐平，三级台阶与总高度完美吻合。

如何修建错层式池塘

由两个相邻的砖砌水池构成的错层式池塘，邻接的墙壁之间有个空隙，这样水就能从一个水池溢出并流入另一个水池内。水流落差的高度取决于你是否想在与露台齐平的头池修建边缘。

第6步
留出一块或两块砖的空间以修建一条狭窄的出水孔，嵌入伸出的溢出瓦以打造出较为宽阔的边沿。

第5步
在墙壁顶部按照排砖立砌（砖块立着放）的方式修建。

混凝土板比砖块更为便宜，可以铺一块混凝土板代替六块转。

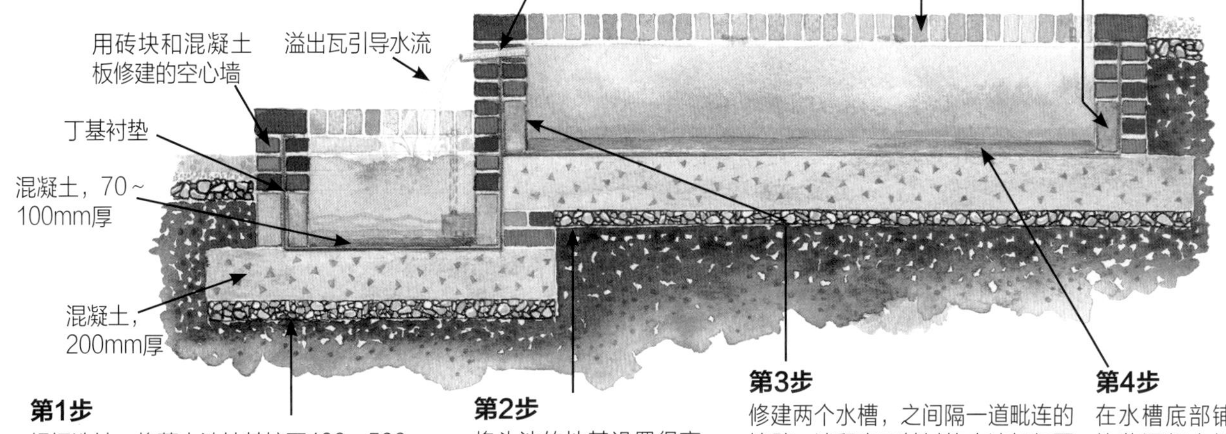

第1步
根据选址，将蓄水池地基挖至400～500mm深，蓄水池应该从每道墙往外延伸150mm。在蓄水池中填充100mm厚的压实硬底层，在顶上铺200mm厚的混凝土。

第2步
将头池的地基设置得高一点，这样不同平面之间的落差就等于一块混凝土加两块砖的高度。按照第1步中的方式打地基。

第3步
修建两个水槽，之间隔一道毗连的墙壁。请留意丁基衬垫应该如何覆盖地基石板并如何往上穿过空心墙。墙壁修建的高度应该与选址的坡度相称。预留出溢洪道的空间。

第4步
在水槽底部铺一块薄混凝土板，这样丁基衬垫就能受到充分的保护，免受损害。

小溪最好打造成一条水沟，就其外观设计来看，就好像是乡村中流动的水流。小溪让人觉得它们具备某种功能，比如贮水池的水源。小溪全部在一个水平面上，一头或两头隐藏在视线之外。如果你修建一条长长的水沟，头池在一头，蓄水池在另一头，那么这就是一条小溪了。

如何修建与地面齐平的小溪

第4步
在小溪的内壁粉刷30mm厚的一层水泥含量较多的灰泥。

第5步
墙壁顶部按照排砖立砌（砖块立着放）的方式修建。

第6步
修建相称的蓄水池和头池，水泵安装在蓄水池中，管道和电缆沿着小溪埋在地下。

第3步
修建两道平行的墙壁，分别是一砖厚和两砖厚，两道墙之间的距离按照小溪流量的设计调整。

第2步
在沟渠中铺100mm厚的压实硬底层，然后再铺25mm厚的沙子，再是丁基衬垫和75mm厚的混凝土。

第1步
挖400mm深的沟渠（深度和长度可以按需调整），一头带有一个水坑。

更多思考

小溪可以用任何材料来修建，比如砖块、混凝土、石头、陶瓷、塑料、玻璃、金属等。小溪一般具有几何形状的设计，有很多直线和直角角落。小溪的水深取决于水泵的功率大小及水沟的长度、深度和宽度。

快速的替代选择

如果你想修建一条穿过林地、水流较快的小溪，你可以将枕木铺在小溪边上，用一层干砖覆盖丁基衬垫。

你可以打造一条塑料、陶瓷或金属材质的工业风水沟，并将其选在可以看到的地方。

你可以直接将砖块或石块铺在沙子上，丁基衬垫隐藏在整个渠道底下，打造这样一条小溪。

野生动植物池塘

我可以在我家的小庭院中修建野生动植物池塘吗?

就算是最紧凑、小巧的庭院也能拥有野生动植物池塘。例如你在庭院中放一桶水，一个月后它就会长出藻类植物而变成绿色，你会在里面发现昆虫幼虫和蜗牛。六个月后，鸟儿、青蛙、老鼠和蜥蜴就会被吸引到这儿来寻找食物。无论是这样迷你的池塘，还是大池塘，里面的生物也会不断变化、不断演变，水、野生动物和植物会共同打造出一个令人着迷的生态系统。

一个平静的池塘，一侧有沙滩和堤岸，另一侧有一块种植区域。这个池塘栖息了很多动物。在决定野生动植物池塘的大小时，最好选择修建庭院所能容纳的最大池塘。

野生动植物池塘检修

成功的野生动植物池塘需要达到完美的平衡，适量的植物，优质的水源，每个品种的数量不会过多，没有外来鱼种等。只有经验才能告诉你池塘中的平衡是否恰到好处。

如果你发现水是绿色的，那么可能是藻类过度生长了，或者吃藻类的动物不够多，或者鱼儿太少或太多了。理想状态下，水应该是澄澈的，没有泡沫或浮渣。降低光亮度，吸引青蛙和其他动物前来栖息。一般来说，池塘的生命循环稳定下来至少需要一个季节的时间。期间只可以进行细微调整，留出充足的时间来打造完善的生态系统。

如何修建野生动植物池塘

修建野生动植物池塘最好使用柔性的丁基衬垫。挖坑，然后在周围打好修建挡土墙的环形地基，构成池塘的边缘，铺上土工织布和丁基衬垫。在打好的地基上修建墙壁（两三砖高），然后将衬垫拉过墙壁。最后，用土壤覆盖墙壁和种植架。

虽然基本设计很简单，但种植架的长度、深度和宽度，墙壁的高度，这些细节决定了池塘的特点。打个比方，如果你想在池塘周围种很多边际植物，那么你就需要多修建一圈种植架。如果你想在池塘一侧的一半深度种植边际植物，而另一侧的植物则深入水中，那么你就可以只在池塘中设置一半的种植架。

第6步
修剪土工织布，将丁基衬垫拉过墙顶并折叠好。用土壤覆盖墙壁和种植架。

第5步
在池塘边缘的环形地基上，修建一道两砖高的墙壁。沿着种植架边缘铺一排砖。

第4步
在丁基衬垫边缘再覆盖一层土洞织布，以延伸至种植架底下。

第3步
用土工织布覆盖池塘选址，然后再铺好丁基衬垫。

第2步
挖一条200mm宽和200mm深的沟渠，在池塘边缘填充150mm厚的混凝土。

第1步
挖坑并设置种植架，种植架边缘角是1/3的坡度（见第15页）。

野生动植物池塘的生态循环

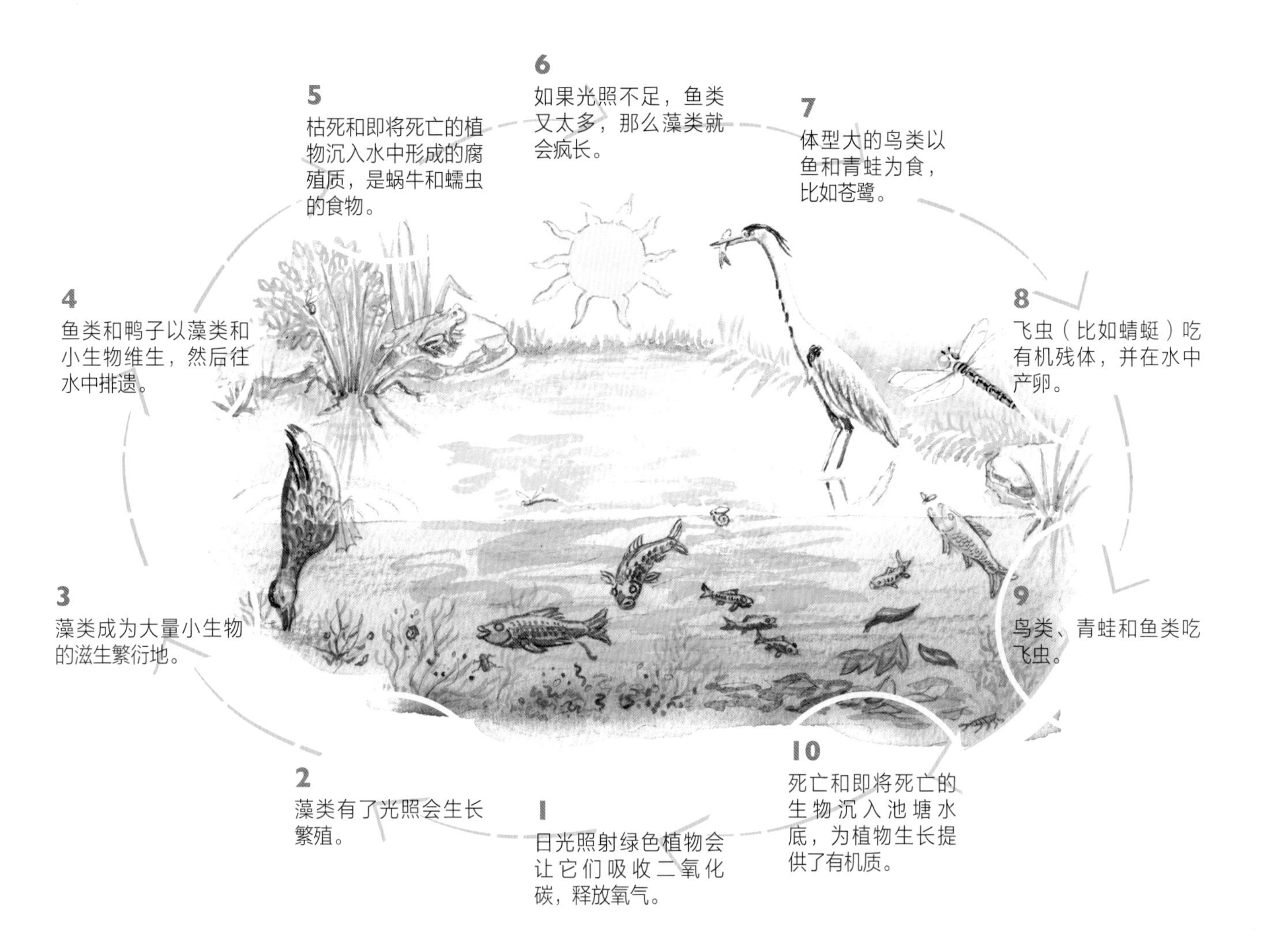

6
如果光照不足，鱼类又太多，那么藻类就会疯长。
5
枯死和即将死亡的植物沉入水中形成的腐殖质，是蜗牛和蠕虫的食物。
7
体型大的鸟类以鱼和青蛙为食，比如苍鹭。
4
鱼类和鸭子以藻类和小生物维生，然后往水中排遗。
8
飞虫（比如蜻蜓）吃有机残体，并在水中产卵。
3
藻类成为大量小生物的滋生繁衍地。
9
鸟类、青蛙和鱼类吃飞虫。
10
死亡和即将死亡的生物沉入池塘水底，为植物生长提供了有机质。
2
藻类有了光照会生长繁殖。
1
日光照射绿色植物会让它们吸收二氧化碳，释放氧气。

维护生态系统

生态系统是生物及其所生存的环境相互作用的结果。一个完美的野生动植物池塘中，你喜欢的动植物（比如花卉和鱼）之间必须平衡，生态系统必须能够自行保持平衡。如果你养的鱼过多，鱼就会吃掉过多的小生物，导致藻类疯长。不要过快地在池塘里放满刚接出来的自来水，因自来水含有矿物质和盐类，会加速藻类的生长。

睡莲能够遮阴，可以抑制藻类的生长。

要有包容心。如果你想吸引鸟儿来，那你就需要有小昆虫；如果你喜欢鱼儿，那你就必须要接受汤汁一样黏稠的绿色水体和甲壳类动物。

野生动植物池塘是蜻蜓的栖息地。

植物要稀疏一点，及时清除即将死亡的植物，除此之外，如果池塘看起来还好，那就不用管它。

检测水质

如果鱼看起来不健康，植物生长状况不好，那就有可能是水体失衡，里面含有过多的硝酸盐和盐类。用试剂盒检测水体的pH值（应该在8.5以下）。清除腐烂的植物，确保高度碱性水没有渗入池塘中。

如果一切正常，但胆怯的鱼类会改变其行为，例如看到它们在水面翻滚并彼此推挤时，不要以为它们太紧张，可能是交配季的原因。

藻类过度生长及鱼的死亡意味着水体受到了污染或含氧量过低。清除废物，种入更多的补氧植物，并填充雨水。

花式拼铺池塘

铺有瓷砖或镶嵌砖的池塘适合我的院子吗？

无论是作为池塘围墙不同寻常的图案，还是作为在水底闪闪发光的迷人设计，瓷砖都为池塘增加了色彩和图案。你可以利用镶嵌砖拼一幅画，可以是简单的水底图案，也可以是波提切利的《维纳斯的诞生》，全凭你的想象。镶嵌设计增加了些许趣味性，可以成为小区域的美丽焦点，非常适合市中心的庭院花园。

人造赤陶砖为这个砖砌的抬升池塘增添了暖色调。

抬升池塘外面砖砌的墙体中融入了维多利亚时代的精美陶砖，非常适合露台或院子。

破碎的瓷砖铺在碟状的抬升池塘内，打造出镶嵌砖设计图案。卵石掩盖了水泵。

瓷砖图案

如果你喜欢色彩和图案，想花费最少的精力修建观赏性水池，那么大胆的瓷砖设计就再适合不过了。瓷砖不仅防水，且设计潜力无限。

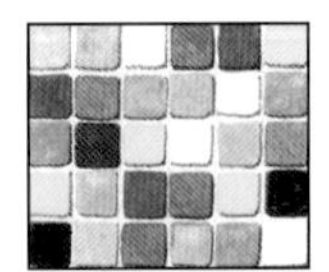

4×4颜色随机的正方形

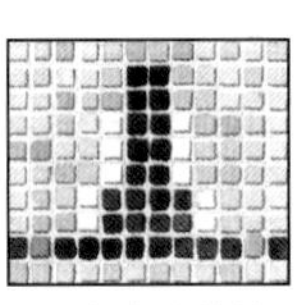

台阶式的装饰艺术经典

填充图案的棋盘

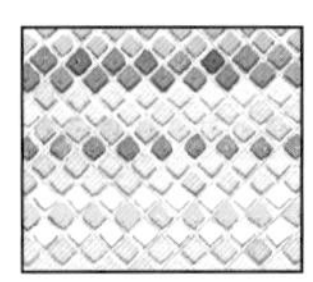

亮色水平条纹

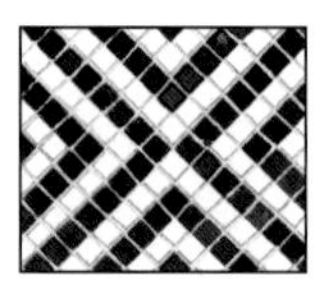

菱形交错对角线

镶嵌图案

如果你喜欢打造微型画，而且希望打造出复杂设计的观赏性池塘，镶嵌砖就是个不错的选择。你可以选择使用特制的玻璃镶嵌砖、残破的瓷砖或残破的陶瓷碎片拼接设计。

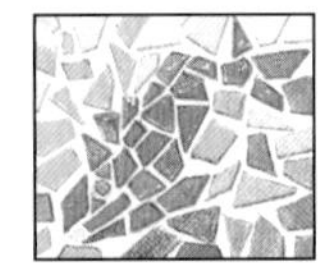

跳跃的鱼儿

青蛙

向日葵

日式波浪

蓝色沉思

适合的池塘类型

浅的清水水池是最佳选择。使用防水胶和水泥浆，这样设计既防风雨又防水，可适用于水池的内外侧。

如何贴瓷砖

贴瓷砖和镶嵌砖需要结实的底部为基础，可以是砖，也可以是石块。清扫底部，清除松散的碎片，用含水泥较多的灰泥刷一遍，让表面光滑且平坦。

在图纸上画出设计，然后将其转移至需要装饰的表面上。将复杂的图案转移至硬纸板模板上，用以指导后续工作。将设计图平放在木板上，在每块区域填充切割好的瓷砖或镶嵌砖。摆放满意之后，将黏合剂抹在墙上，每次抹一小块区域，然后贴好瓷砖。等干透后，在接缝处填充防水水泥浆，然后用湿布擦拭干净。

快速修建池塘

如果你想选择比较简单的池塘建造方式，用一个周末修建成，也是有可能的。如果你没什么时间，池塘套装也是个不错的选择。如果你缺乏资金，那么你可以利用回收的水槽或耐用的塑料薄片，以控制成本。如果你想修建一个令人叹为观止的大池塘，那就不要在意干点提重物的活儿，用枕木修建池塘就刚好可以满足你的要求。还有很多很多令人兴奋的点子！

我时间不多，可以一个周末就修建好池塘吗？

容器

容器是非常好的池塘选择。如果有样东西能盛水，就可以将它改造成池塘，比如瓷花盆、半个大桶、垃圾箱。

这是快速修建池塘的一种选择，可以马上为庭院带来新意，你需要收集各种大小、形状和颜色的陶瓷罐，然后按不同的高度分组。一旦里面装满了水和植物，这片区域立即会变成像池塘一样的环境，能够吸引野生动物。

套装

以圆木打造的水景套装，有一个喷泉，顶上是高尖屋顶。

套装池塘可以只铺上一张按规格裁切的丁基衬垫和土工织布，可以是带水泵的水桶池塘，或者是用预成型的玻璃纤维打造成的池塘和瀑布，非常简单。有些套装需要进行挖掘工作，不过其他套装只需盛满水，接通电流即可。如果你想打造小池塘，不想思考太多，那么套装就是适合你的选择。

回收的不漏水的物件

用任何合适的回收容器都有可能修建池塘。你可以在地面上放置观赏性水槽、工业容器、饲料槽、农场贮水器等。我们已经见过用塑料化学容器改造成的非常漂亮的小池塘，大约1m²大，一半埋在地面下。还有一个用回收的不锈钢储奶箱改造而成的大型池塘，是奶农使用的那种箱子，约4m长。

在选好可用的容器之后，你需要考虑更多细节问题，这好改造吗？方便运输吗？可以抬起来吗？它能不能从大门进来？你能将所有残留物清除干净，然后改造成一个适合动植物生长的池塘吗？

如何打造枕木池塘

你需要十二根枕木、一张聚氯乙烯衬垫、旧地毯垫毡毯及一独轮手推车的豆粒砾石。挖一个坑，深度足以容纳三个枕木方框支架，一根放在另一根上面。将两个枕木方框支架放在地上，用毡子盖上，然后再铺上聚氯乙烯衬垫。在池塘中放满水。将另外四根摆成四方形，将塑料固定好。最后，在池塘底部铺一层碎石，以保护塑料。

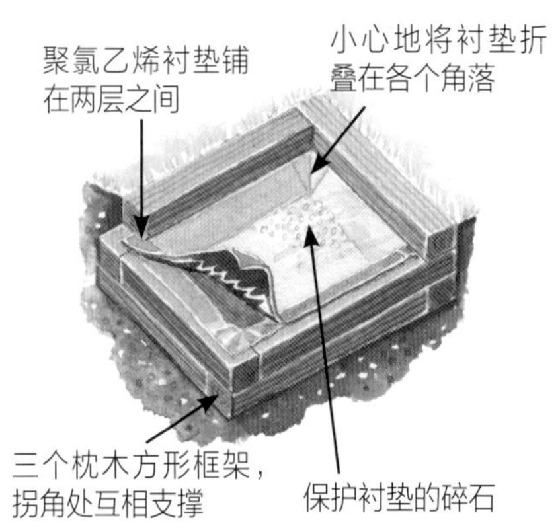

如何修建石潭

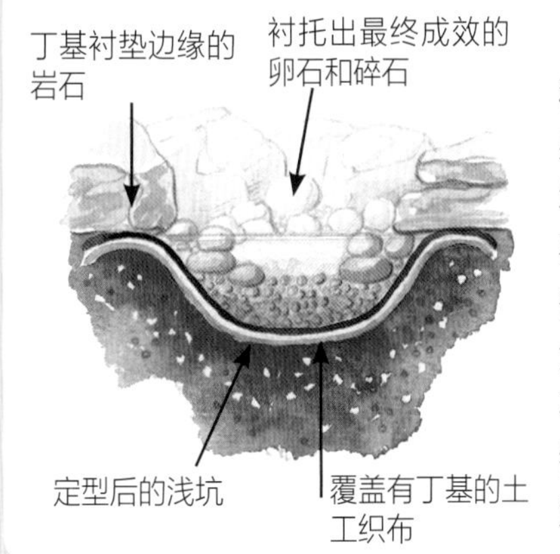

灵感来自于海滨和河畔岩池，这种池塘非常令人惊艳，富有活力，如果你想趁一个周末的时间修建一个池塘，那么石潭就是最好的选择。你需要一张丁基衬垫及一张相称（按你的需要划定面积）的土工织布，还需要大量的大型特色岩石、卵石和豆粒砾石。挖好坑，用土工织布和丁基衬垫铺好，然后花点时间，小心翼翼地布置好岩石和碎石，以达到最佳效果。

池塘边缘

我可以不修建池塘边缘吗？

池塘边缘非常重要。虽然边缘不一定总能看到，但它们支撑着整体结构，奠定了池塘的基调和特色。无论你选择如何打造边缘，是用土壤、石头、砖砌、木头、草皮还是盖板，选择能够维持长久好稳定的类型至关重要（这并不一定要用混凝土和灰泥）。边缘需要精心规划，以确保最后的效果既符合池塘的风格又与庭院特色相称。

天然外观的下沉式池塘边缘

修建天然池塘的一个要点就是将边缘修建得掩盖住衬垫的所有痕迹。为天然池塘加边需要密植沼泽植物和边际植物，安放大岩石或卵石、分层堆积石头、沙滩，还可以组合一下布置。

如果你想让池塘呈现出森林水池的效果，你应该选择生长茂密的植物；如果你想打造海滨或石潭，你应该采用风化石；如果你想打造出曲流的效果，你应该分层堆积石头并分层种植。

所有的边缘，无论是哪一种类型，都需要用混凝土板或者路缘石打好地基。例如，如果池塘边缘种满植物，也就是说池塘边缘只有植物和土壤，那需要隐藏在地下的是混凝土环形地基支撑着一道矮墙，隐藏在视线之外，这样就不会破坏整体感。

在这个池塘中，土壤和植物覆盖着混凝土和砖建的边缘，营造出天然池塘的感觉。

石潭大卵石边缘

➘ 将每块大卵石倾斜安放在一块混凝土板上，这样其重心就往后移了。铺在大卵石底下和后面的衬垫部分就隐藏在水面下了。

海滨池塘边缘

➘ 这个池塘铺的是柔性丁基衬垫，混凝土环形地基支撑着砖墙。斜坡上覆盖有卵石和扁砾石，顶上覆盖泥土。水漫至海滩的一半处。

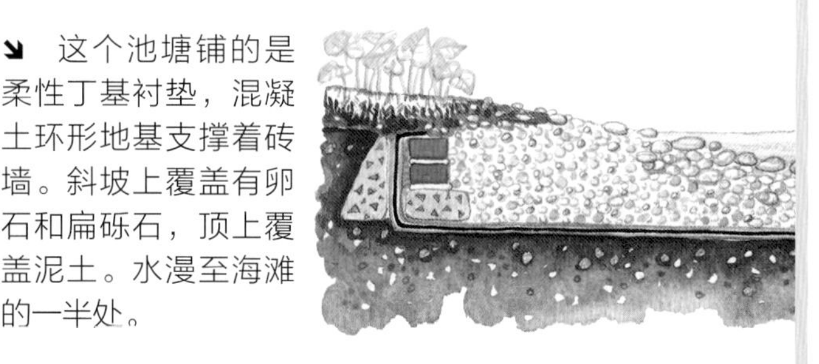

曲流边界

➘ 将精心挑选的石板放在一块混凝土板上，以建造一道向后靠着土壤的条纹石砌墙。衬垫往上位于墙体和土堤之间。

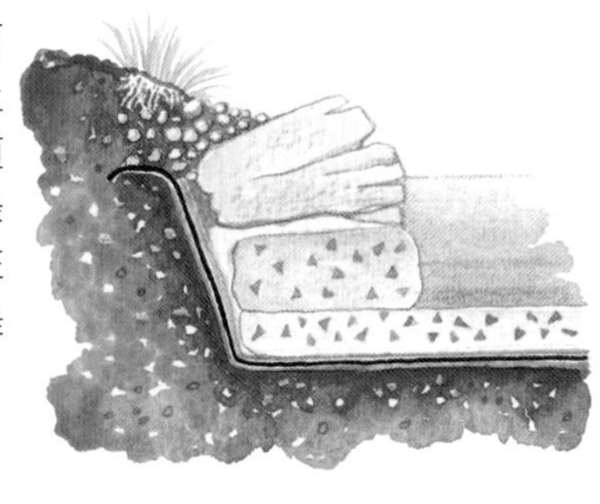

沼泽庭院岩石边缘

➘ 混合使用沼泽植物和石头。这个池塘铺的是柔性丁基衬垫，建有环形地基和砖墙，以加固并确定边缘。泥土和石头的布置方式隐藏了砖墙。

下沉式池塘的规则边缘

一个位于露台中央的规则池塘，边缘用人造石板打造。

↑ 规则的边缘也就是不模仿自然感而建的边缘。它可以由砖块或石头、人造石、混凝土、木材或金属构成，不过大多数规则池塘的边缘是由石头或砖块按照经典传统建筑打造而成的。

侧砌砖

用排砖立砌方法铺砌的露台池塘边缘。

人造石

赏心悦目的八边形池塘，位于人造石铺砌的露台中。

枕木

枕木建成的方形池塘边缘，后面有砖块支撑。

花砖拼铺池塘

周围由各种形状的石头拼铺而成的长方形半沉没规则型池塘。

路缘石和卵石

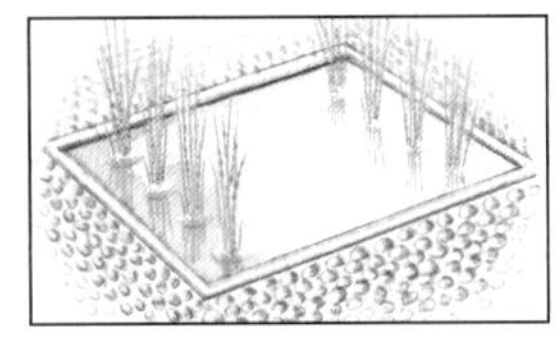

模筑混凝土路缘石建成的边缘，周围是鸡蛋大小的卵石铺在灰泥中。

混凝土和镶嵌砖

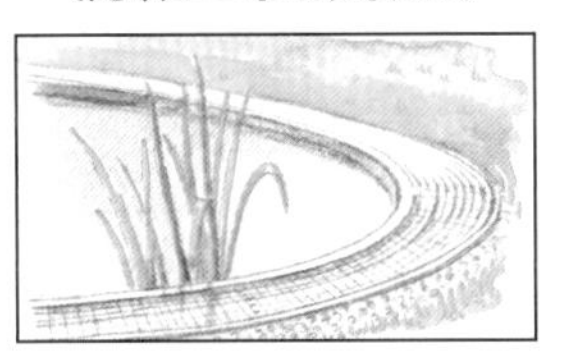

带有模筑混凝土边缘的圆形池塘，用镶嵌砖填满。

抬升池塘的边缘

抬升池塘的挡土墙非常显眼，所以墙顶的设计也应与之匹配。墙宽与墙顶联系紧密，设计需要多加考虑。

很多人修建只有一砖厚的墙，将丁基衬垫拉至墙顶（或将刚性衬垫铺好），然后在墙顶抹灰泥，再铺砌好墙顶。不过，如果墙体狭窄的话，墙顶很容易就会掉下来，解决办法就是修建两砖厚的墙壁，在墙体和墙顶之间提供较宽阔的接触面。

石瓦夹层

由双层普通石瓦铺砌的传统墙顶。

排砖立砌

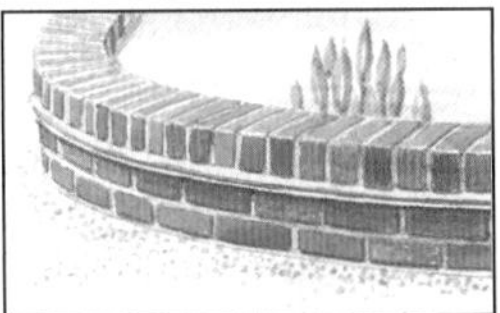

立着放的砖块最适合简单的圆形池塘。

琢石

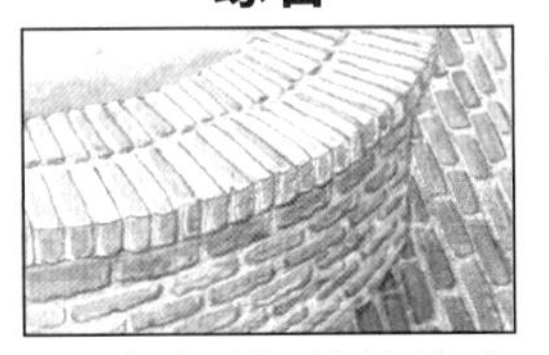

双列琢石切片让这个圆形池塘最终呈现出来的效果很大气。

人造石

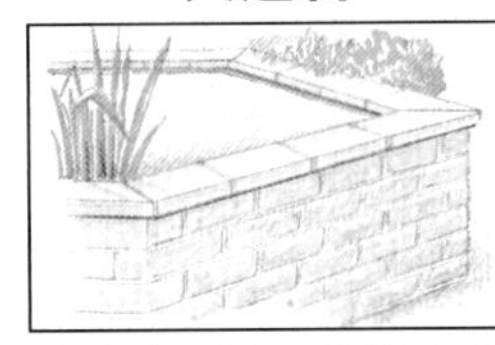

有着铺砌墙顶的人造石墙，全都是易于融合的套装。

板岩覆层

用混凝土砖建成的抬升池塘，外观全部覆了一层板岩。

滚木

刚性衬垫的抬升池塘采用滚木饰边，顶上覆盖泥土和植物。

管道和边缘问题

管道的安装不得破坏衬垫的整体性。最好不要在衬垫上挖洞（即使有些厂商如此建议），不过也不要简单地将管道铺在衬垫边缘上面并用植物掩盖它们（见第22～23页）。

周围的区域

虽然规则池塘在荒野庭院中构成了美丽的差异感，不过将其建在铺砌区域中或精心照料的草坪中更加别出心裁，这样你就可以很方便地走近或观赏池塘了。大多数规则池塘都作为大型方案或宏大设计的一部分，所以在项目开始之初就需要将周围的区域考虑在内（见第24～25页）。

小道具

规则池塘及周边区域的灵感往往来自于几何形状，比如圆形、正方形和六边形，即能吸引人的目光。这些池塘与规则的小道具密切相关，比如经典雕像、大盆罐、矮石墙或砖墙以及直线种植的树木。你可以去参观公园和乡村大宅，看一看还有哪些道具可以选择，这一般是调研期间的工作。

池塘植物

要种植多少水生植物?

根据植物在池塘中的位置，可以列出五种主要的植物群：深水植物、沉水植物、漂浮植物、边际植物及沼泽庭院植物。有些专家认为睡莲不属于深水植物，所以又创造出了第六种植物群（同样又将荷花列为第七种植物群），不过采用五种分类就会比较简单，也更加清晰、有逻辑，采用此分类会轻松获知哪种植物种在哪里等所需的一切知识。

一个种有鸢尾花的天然池塘，需要种植背景植物，增添乐趣。池塘边缘周围的沉水供氧植物能够保持水质清澈，一大群睡莲能够让池塘色彩鲜艳，还可防止水质变黑，并为池中动物提供遮阴。

种植建议

好好规划项目，可以在春天和暮夏之间将植物移植到户外。如果池塘修建过程中用到了水泥，那么池塘就需要放满水再排干，在两个星期之内如此反复几次，最终在种植之前再让水沉淀一星期。

湿生植物 很多湿生植物能够在非常潮湿的土壤中茁壮成长，不过其他植物喜欢潮湿一点，而不是涝渍地。鸢尾花分株和移栽都比较容易。

边际植物 根据不同植物品种，边际植物的推荐深度也各有不同，可以是刚刚没入水面，也可以是160mm的水深，水深很重要，测量一下水深，购买盆栽植物，种在花篮中。

漂浮植物 如果想种植这些植物，只需要将它们丢到水里。暮秋时节，绿叶会脱离，种荚会沉入水底。

沉水供氧植物 这种一般是按束卖，最好分株移植到户外的花篮中（这样你就可以控制疯长的植物）。种多个品种。

深水植物 这种植物包括睡莲、荷花及若干其他植物，它们的叶子都漂浮在水面，适合生长在250～900mm深的水下。要考虑其他植物将来的伸展度，深水植物的覆盖面不应超过水面的一半。

风格、规模及其他考虑

花坛需要背景植物和一丛一丛的花朵为其增光溢彩，池塘也是一样，可以进行相同的参照。

先种一两种特色植物，打造出抓人眼球的色彩和效果，比如可以种覆盖在水面的睡莲和花朵高出水面很多的莲花。在购买之前，先仔细阅读养护说明，试着想象成熟的植物是否与池塘整体风格相称，植物会不会太大，占据了整个池塘？种小一点的植物会不会更好？

决定要种的特色植物之后，再选择沉水植物和漂浮植物。如果你想建立健全的生态系统，沉水植物尤其实用，因为这为鱼类提供了食物和栖息地。按照池塘的直径和深度购买植物，这很重要，因为如果将植物种在不适合它们的空间和水深的池塘中，很多都会死掉。种植工作要从春天一直持续到暮夏。

池塘植物群

五种植物群装饰池塘的每个区域，从池塘周边到深水区，你需要在池塘周边种植湿生植物（也可以为动物提供遮阴）和边际植物，其根部在水下，叶子和花朵在水面以上，适合生长在边缘的浅水区。沉水植物为水中提供氧气，漂浮植物能够覆盖水面，根部长在水下、叶子和花朵在水面以上的沉水植物能够保持水质清澈和凉爽，为鱼儿遮阴。

池塘植物群

沉水植物

（见第44页）

沉水植物，也叫作供氧植物，它们从池塘底部生长，叶子有时候长到破水而出，但也不总是这样。叶子会释放氧气泡，根部吸收水中的营养元素。如果你想养鱼，沉水植物就是个不错的搭配。

漂浮植物

（见第43页）

漂浮植物是名副其实地漂浮在水面上的植物，悬在水下的细根像帘子。漂浮植物的根部为产卵的鱼儿形成了一种遮蔽保护，叶子也为水生昆虫提供了栖息地。

边缘植物

（见第45页）

边际植物主要是观赏性的，色彩缤纷，趣味盎然，不过它们也可以挡风遮雨，是逐渐出现的蜻蜓的栖息之所，还能为鱼儿和青蛙提供遮挡。在规则池塘的环境中，边缘植物美化并模糊了池塘周边和水的边界。

湿生植物

（见第56页）

在野生动植物池塘中，湿生植物不仅可以为青蛙和昆虫提供遮蔽，还可以将池塘与庭院融为一体。

深水植物

（见第42页）

你需要借助深水植物漂浮的叶子覆盖池塘约一半的水面。叶子能为鱼儿遮阴，减少藻类的生长以保持水质清澈。深水植物的根部在池塘底部生长，能清理过剩的营养物和鱼类排泄的废物。

几种实用的种植方案

	深水植物	沉水植物	漂浮植物	边际植物	湿生植物
带有大型沼泽庭院的天然野生动植物池塘，大量的边际植物、本地动植物、鱼类、青蛙和蝾螈	黄睡莲（*Nuphar*）、二穗水蕹（*Aponogeton distachyos*）、荇菜（*Nymphoides peltata*）	水毛茛（*Ranunculus aquatilis*）、菹草（*Potamogeton crispus*）、金鱼藻（*Ceratophyllum demersum*）	粉绿狐尾藻（*Myriophyllum aquaticum*）、卡州满江红（*Azolla caroliniana*）	变色鸢尾（*Iris versicolor*）、甜茅（*Glyceria maxima*）、水芋（*Calla palustris*）、水菖蒲（*Acorus calamus*）	斑叶芒（*Miscanthus sinensis* "Zebrinus"）、王紫萁（*Osmunda regalis*）、白藜芦（*Veratrum album*）、婆婆纳（*Veronica beccabunga*）
中间有喷泉的石砌规则池塘 大池塘	日本萍蓬草（*Nuphar japonica*）、南非蓝睡莲（*Nymphaea capensis*）	狸藻（*Utricularia vulgaris*）、金鱼藻（*Ceratophyllum demersum*）、菹草（*Potamogeton crispus*）	水武士（*Stratiotes aloides*）	不适用	不适用
抬升露台池塘，有一个非常小的喷泉，池塘里面养着金鱼	极光睡莲（*Nymphaea* "Aurora"）	伊乐藻（*Elodea canadensis*）、水藓（*Fontinalis antipyretica*）	水鳖（*Hydrocharis morsus-ranae*）	沼生驴蹄草（*Caltha palustris*）	不适用

深水植物

我家的池塘不深，可以种深水植物吗？

深水植物对维持池塘整体的生态系统平衡非常必要。漂浮的叶子为鱼类提供隐身之处，遮挡部分阳光为藻类提供了生长繁衍之地，同时根部能够分解、吸收养分和鱼类排泄物。如果你家池塘有300mm深，那么就适合种植深水植物。

睡莲是一种常见的深水植物，整体非常惊艳。

几种常见的深水植物

日本萍蓬草

特性 美丽的落叶性多年生植物，开有笔直的亮黄色花朵，心形的叶子漂浮在水面上。生长在深300mm的水中，最多可蔓延1m。

特别说明 喜欢平静或缓慢流动的水，喜欢光照充足的环境。可以在春天分株。

二穗水蕹

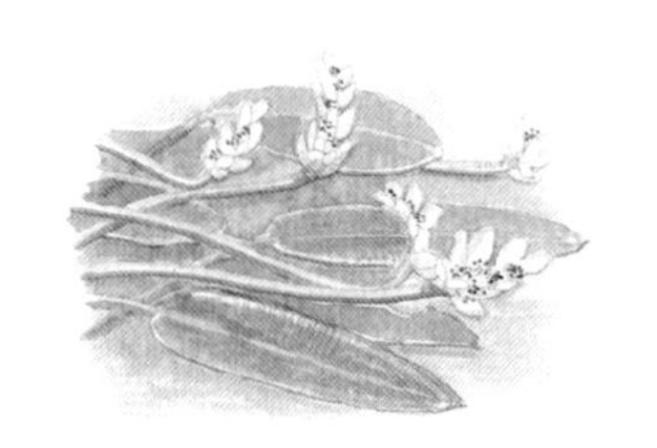

特性 几乎常绿的精美多年生植物，开有香气浓郁的白色花朵。生长在深600mm的水中，可蔓延1.2m。

特别说明 喜欢缓慢流动的水，喜欢光照充足的环境与温和的冬天。可以通过种子繁殖，也可以在春天分株。

南非蓝睡莲

特性 一种美丽的睡莲，开有蓝色星形大花朵，长有波状边缘的大叶子。生长在深300～600mm的水中，可蔓延2.5m。

特别说明 如果条件合适，这种睡莲会长满整个小池塘。喜欢炎热的夏天与温和的冬天。

荇菜

特性 开有漂亮的星形黄色花朵，长有心形的小叶子。落叶性多年生植物，生长在深450mm的水中，最多可蔓延600mm。

特别说明 半耐寒植物，喜欢光照充足的环境，花期贯穿整个夏季。可在春天分株繁殖。

白睡莲

特性 生命力旺盛、多产的开花植物，开有乳白色的重瓣花，长有深绿色的圆形叶片。生长在深900mm的水中，可蔓延2.2m。

特别说明 为数不多的能够在冷水中生长的睡莲，非常适合大型的野生动植物池塘。

其他植物

适合深水生长的植物有数百种，其主要功能是提供掩护和遮阴，人们种植深水植物，主要是因为其叶片的大小和特色胜过其花朵。在选择种哪种深水植物时，请记住这一点。

特别说明

如果你家池塘很大但很浅，就不要种深水植物，而是应该选择阔叶的漂浮植物，以提供掩护和遮阴。如果你想要特别惊艳的植物，可以试试亚马逊睡莲（*Nymphaea* “Victoria Amazonica”）。这种花朵只能维持一两天，不过其叶子直径可长至2.5m，看起来很像边缘朝上的茶盘。

漂浮植物

这种植物的根部沉在水下，叶子漂浮在水面或刚刚没入水面。有些漂浮植物的根扎在池塘底部，其他漂浮植物的根漂在水中。漂浮植物生长迅速，可提供遮掩，非常适合种在新建成的池塘中，不过有些漂浮植物蔓延极快，需要精心加以控制。

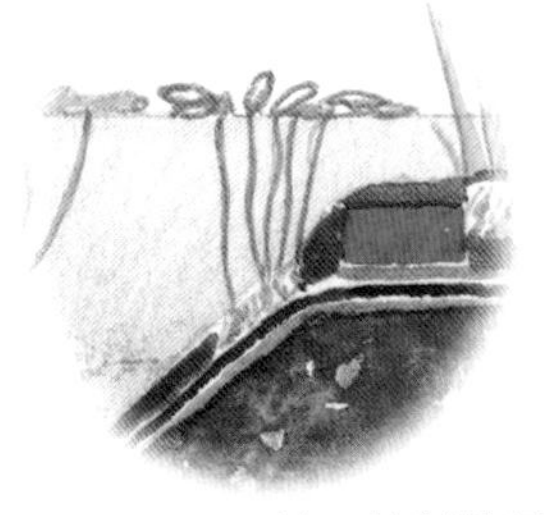

漂浮植物必须精心控制数量，以确保其不占据整个池塘。

什么是漂浮植物？

几种常见的漂浮植物

粉绿狐尾藻

特性 一种生长快速的落叶性多年生植物，可充当蔓延的水下地毯。如果是较浅的泥泞池塘，其根部可以扎在水底。

特别说明 一种蔓延极快的植物，很快就会蔓延至池塘的所有角落。需提前确认一下这种植物在当地是否禁止种植（尤其是在澳大利亚和美国）。

耳状槐叶萍

特性 一种自由漂浮的多年生蕨类植物，叶子有绿色的，也有紫色的，非常美丽，极具异域风情。这种蔓延极快的植物极具侵入性。

特别说明 分枝的茎部能够长到30mm高。如果池塘与天然的河道相连，那么就不适合种这种植物（有可能违法）。提前确认一下这种植物是否禁止种植。

卡州满江红

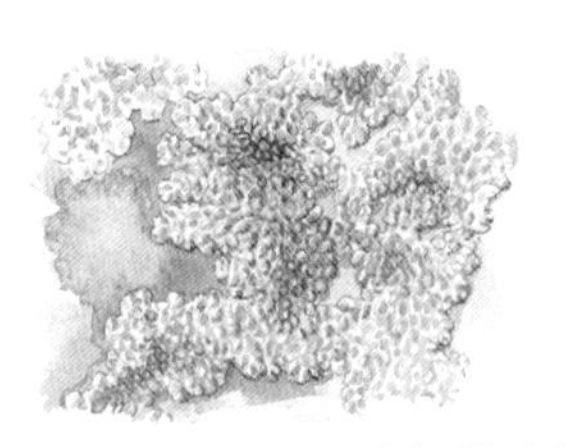

特性 一种自由漂浮、生长快速的多年生植物，开有白色小花朵，长有一团团的肾形小叶片，可能具有侵入性。

特别说明 非常适合新池塘，能快速地暂时为水面提供遮掩。如果大池塘与天然的河道相通，那么这种植物就不适合种植。提前确认一下这种植物在当地是否禁止种植。

水武士

特性 一种生长快速、半常绿的自由漂浮多年生植物，长有一团团尖尖的叶子，状似绿色的凤梨，属于半耐寒植物。

特别说明 这种植物有时候会沉入池塘底部，不太多见。提前确认一下这种植物在当地是否禁止种植。

水浮莲

特性 一种生长快速、自由漂浮的植物，长有海绵状的绿色叶子，簇生形态状似玫瑰。不适合生长在寒冷的气候中。

特别说明 虽然这种植物生长快，能迅速提供遮掩，但可能具有侵入性，会蔓延至池塘的所有角落。提前确认一下这种植物在当地是否禁止种植。

其他植物

漂浮植物对于池塘生态系统的维护至关重要，不过这些植物有可能生长得完全失控。你需要精心选择。比如，虽然浮萍（*Lemna minor*）生长茂盛，不过还有一种生长较为缓慢的品种，叫作品藻（*Lemna trisulca*），可能比较容易控制。

特别说明

一种繁茂而大量生长的漂浮植物甚至可以阻塞河流和水坝。在有些国家的有些地区，种植这种植物的要求非常严格。你可以从专业人士那里购买植物，他们会给你一些关于哪些植物在当地允许被种植的建议。

沉水植物

哪些植物为水里供氧？

沉水植物为水中注氧，让水下的生物茁壮生长。其叶片通常沉在水下，不过有时叶子会长至水面以上；其根部扎在池塘底部的泥中。有些品种会开花。这些植物能够遮阴，吸收营养物，可以维持水质清澈。

沉水植物有自己的功能，那就是为水中提供氧气，维持水质清澈。

几种常见的沉水植物

水毛茛

特性 一种精美的一年生或多年生植物，长有绿色小叶子，开有白色和黄色花朵。生长在深800mm的水中，蔓延度不定。

特别说明 最适合大型的野生动植物池塘，水毛茛能够蔓延，根部深扎于泥里。可以通过种子繁殖，也可以在春天分株繁殖。

菹草

特性 一种多年生植物，长有蕨类植物状的叶子，开有红色和白色小花朵，能够在水面以上生长。生长在深为1.1m的水中，蔓延度不定。

特别说明 喜欢水面平静、有遮阴的泥泞池塘。可以在春天通过分株或插条繁殖。

金鱼藻

特性 一种落叶性多年生植物，长有细长的刷子状复叶，开有浅桃色的小花朵。生长在深600mm的水中，蔓延度不定。

特别说明 适合有遮阴的静水深池塘。可以在春天通过分株或插条繁殖。

狸藻

特性 一种耐寒的落叶多年生植物，长有褐绿色叶子和捕虫的囊状结构，开有黄色花朵。这是一种外观比较特别的植物，可生长在深1.2m的水中，最多可蔓延900mm。

特别说明 非常适合野生动物池塘。可以在春天或夏天通过分株繁殖。

水藓

特性 一种苔藓状多年生植物，长有毛状的细长深绿色的茎和矛状的小叶子。生长在深600mm的水中，蔓延度不定。

特别说明 非常适合流动的小溪或活水中。可以在春天通过分株繁殖。

其他植物

其他沉水植物有阿佛榕（*Anubias afzelii*）、水堇（*Hottonia palustris*）、沼生景天（*Tillaea recurva*）、水蕨（*Ceratopteris thalictroides*）、牛毛颤（*Eleocharis acicularis*）和车轴藻（*Chara vulgaris*）。有些沉水植物喜欢光照充足和流动缓慢的水体，有些则喜欢有遮阴和平静的水体。

特别说明

沉水供氧植物在野生动植物池塘和鱼塘中尤其重要，为昆虫提供庇护之处，为鱼类提供遮掩。它们也叫作注氧机，因为能够吸收二氧化碳并释放氧气，非常适合鱼类的生长。如果你近距离观察多毛的品种，就会看到细小的波状复叶上冒出很多小气泡。

挺水植物

边缘植物生长在池塘边缘50～150mm深的浅滩中。如果你能够用砖、石块或土壤在池塘中搭一个架子或高地以满足植物生长的条件，就可以种很多篮子中生长或盆栽的边缘植物。

有些边缘植物喜欢将根扎在水中，有些植物则喜欢将根扎在土壤中。

坡度较陡的小池塘适合种边缘植物吗？

几种常见的边缘水生植物

变色鸢尾

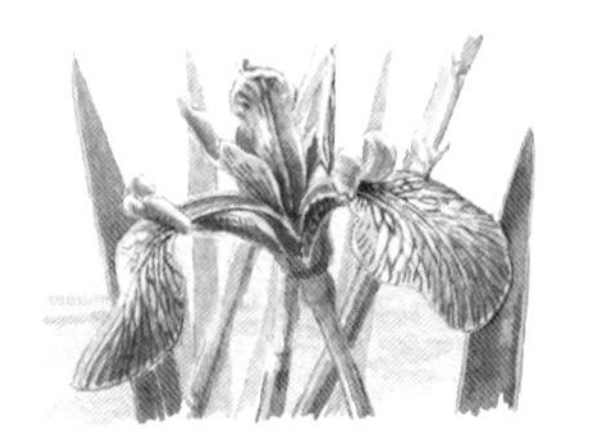

特性 一种直立生长的落叶性多年生植物，长有绿色的叶子，开有紫罗兰色的花朵，喜欢一簇簇生长，生命力非常旺盛。

特别说明 这种鸢尾适合种植在浅滩或沼泽区。可以通过分株繁殖。鸢尾有很多品种，颜色各异，有紫色、黄色和棕色。

甜茅

特性 很像草的一种落叶性多年生植物，长有绿色和乳白色条纹的叶子，开有含蓄而尖尖的绿色花朵，生长在深150mm的浅滩中，蔓延极快。

特别说明 如果你家是大型的野生动植物池塘，你又想模糊池塘边界，融合成一个大的沼泽庭院，这种植物就非常合适。

日本慈姑

特性 一种生长迅速的多年生落叶植物，叶子柔软，呈扇形散开，构成螺纹状，600mm的茎秆上开有白色的花朵。这是种生命力旺盛的植物，其块茎位于水下茎秆的末端。

特别说明 喜欢水深150mm的环境。

水菖蒲

特性 一种耐寒的多年生落叶植物，长有绿色和乳白色条纹的叶子，花朵很含蓄。这更像是鸢尾和甜茅的混合体。生长在深220mm的水中，可蔓延600mm。

特别说明 非常适合用来将池塘边界融合在草坪或草地中，生命力十分旺盛。

水芋

特性 一种半常绿的多年生落叶植物，叶子呈心形，非常独特，开有白色的喇叭花。生长在深50mm的水中，可蔓延300mm。

特别说明 非常适合种在野生动植物池塘中，如果你想隐藏池塘结构的某些部分，比如水管，这也是不错的选择。

其他植物

边际植物有很多可选，不过多数只适合特定的水深环境。很多人喜欢种植某种植物，比如喜欢种很多很多的鸢尾或海芋。

特别说明

有一两种边际植物会生长出很尖锐的根，容易损坏柔性衬垫，比如小香蒲（*Typha minima*）。有些边际植物生长速度非常快，很快就会占据中等大小的池塘。因此，最好先将苗移栽至篮子中，留意其特性，然后再照习性养护。

鱼

我想养鱼和青蛙，这可行吗？

如果你想在池塘中既养鱼又养青蛙，这受所修建的池塘规模而决定。如果池塘太小，鱼太大（或数量多），那么鱼会吃掉大部分蝌蚪。池塘面积和鱼的数量的合适比率是每300mm²的水面适合总长达25mm的鱼。在池塘里养育的最佳方式是遵循渐进的方式：将池塘闲置一年，让青蛙、蟾蜍和蝾螈自行生长，然后再放进去少量普通金鱼。

如果你主要想养观赏性的鱼，比如此处所示的大锦鲤，那就要在修建池塘之前跟鱼类专家沟通好，以确保规划的池塘结构可以满足你养鱼的需求。

本地鱼

普通的金鱼已经流行了约300年，所以也可以将其视作本地鱼。此外，还有红眼鱼、丁鲷、鲦鱼、米诺鱼及鲤鱼，这些都很适合寒冷气候中容易结冰的池塘。

储备池塘

你家池塘每300mm²的水面可以养总长达25mm的鱼，所以4m²的池塘可以养约18条小金鱼。如果你从专业供应商那里买鱼，他们会将鱼放在塑料袋里，里面还有少量的空气，供运输途中鱼儿呼吸。在把它们带回家后，解开袋子口，把袋子放在池塘边上的水中。过一小时后，轻轻翻倒袋子，这样池塘里的水就流入了袋子中。如果一切顺利，那么鱼儿就会静静地游走。

最佳购买建议

始终遵循这些指南，小心选择要养哪些鱼。

供应商 选择信誉良好的专业卖家。最理想的情况是，店里的每个鱼缸都配有自己的过滤供水系统，以免滋生疾病。店里还应该卖软网、塑料袋及空气/氧气。你应该可以自己选择想要养的鱼。

健康 健康的鱼会有明亮清澈的眼睛，直立的顶鳍，挺直的背和无污点的皮肤。不要选鳞屑缺失、顶鳍耷拉或身上有白斑的鱼。

大小 买那些总长度不超过80～130mm的鱼。体型较大的鱼不仅更贵，而且也很难适应新环境。

三种常见的鱼类

普通金鱼

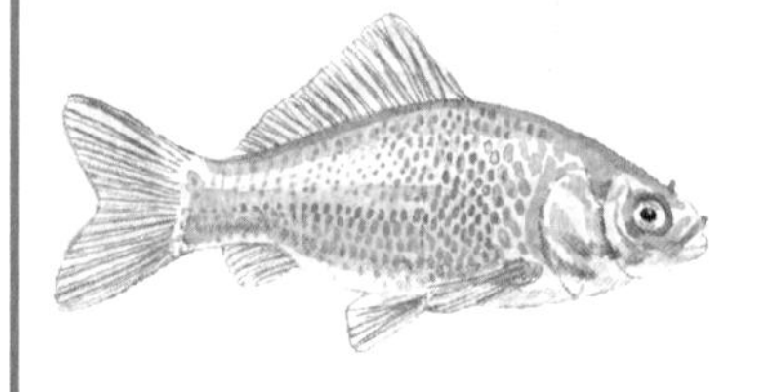

特性 非常常见的鱼，非常适合寒冷气候下的池塘。颜色各异，有微红的金色，也有乳黄色。可生长至400mm长，可生存19～25年。

特别说明 不要养珍奇的金鱼，不仅很贵，还需要更多的空间，在寒冷的冬季容易死掉。

丁鲷

特性 非常常见的鱼，相当害羞又很有攻击性，有可能吃小鱼苗和小蝌蚪。颜色各异，有绿色，也有淡金橘色。可生长至400mm长，可生存10～12年。

特别说明 非常适合大型的野生动植物池塘，不过如果你想养观赏性的鱼，这就不太适合。

普通米诺鱼

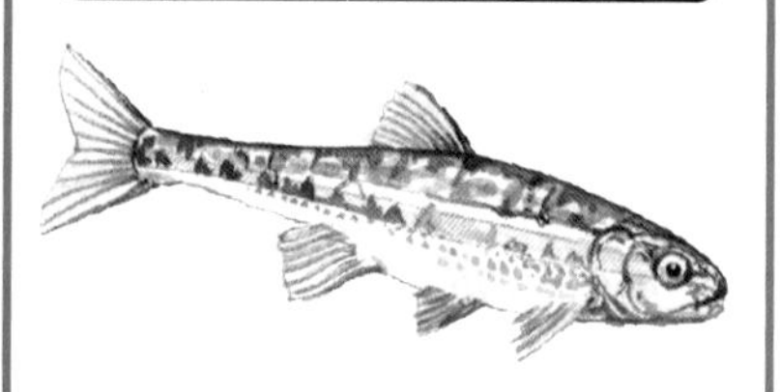

特性 一种游得很快的小鱼，非常适合小型野生动植物池塘。颜色各异，有淡橙色，也有银棕红色。可生长至80mm长，可生存2～5年。

特别说明 在池塘和小溪中养很多米诺鱼很漂亮，小孩子也非常喜欢。

更多鱼类

拟鲤

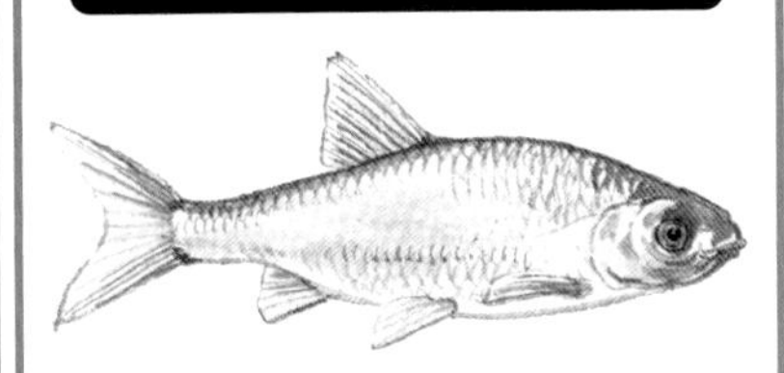

特性 一种漂亮、常见、颜色不太明显的鱼。很适合泥底的大型野生动植物池塘和湖泊。颜色各异，有黄红色，也有金棕色。可生长至250mm长，可生存5~8年。

特别说明 这种鱼既可以适应清澈的水体，也能够适应浑水。

红眼鱼

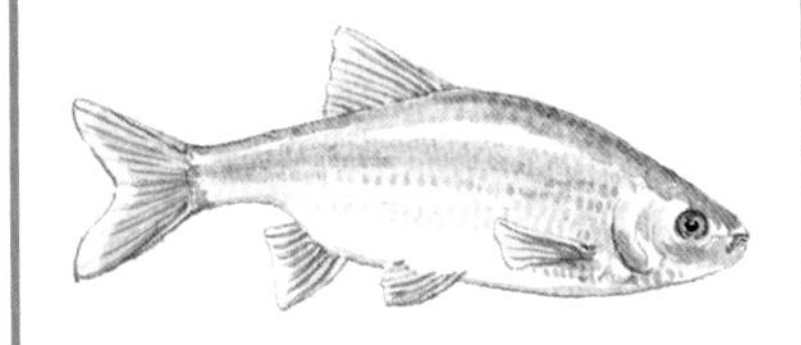

特性 一种身形较胖的鱼，适合小水池，也适合大池塘。颜色各异，有金黄色，也有橙红色。可生长至300mm长，可生存6~8年。

特别说明 一种生命力顽强的鱼，既可以生存在浑浊、氧气值较低的水中，也能够接受气温的急剧变化。

锦鲤

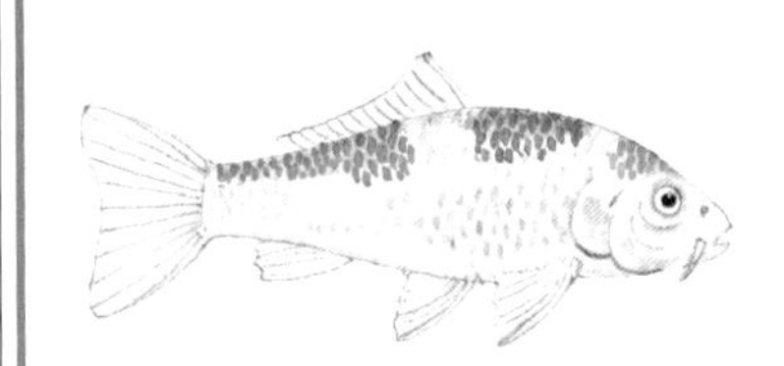

特性 一种观赏鱼种，可以养在带过滤器的池塘中，也可以养在大型的野生动植物池塘中。颜色各异，有黑色、白色和红色的。可生长至500~900mm长，可生存50~100年。

特别说明 锦鲤很漂亮，不过也很贵，难以养活。在把它们买回家之前要三思。

喂养

在运转良好的野生动植物池塘中，鱼类多半以昆虫、植物和池塘底部的腐殖质为食。在观赏性池塘中，池塘底部清澈，只有少量种类的植物，你就需要为它们补充优质的包装好的鱼食、干飞虫、蚂蚁卵及碎虾米等。在正午喂食，只给它们适当的食物量，确保鱼儿吃掉所有食物，没有剩下碎屑。

常规工作

除了为鱼类补充食物，你还需要制订基本的日常规划照料它们。仔细观察，确认它们的健康情况，没有任何不正常的行为或奇怪的皮肤颜色。用网子捞起不活泼的鱼进行检查。检查池塘中某种植物群或动物群是否泛滥成灾，比如藻类或蜗牛。用软管向池塘喷水，为水中增加氧气，多关注鱼类的生长状况。每天看一看池塘，确保这个生态系统平稳运转。夏天时，注意及时给池塘加满水。

养鱼产生的问题

鱼虱

鱼虱会清晰可见地附在鱼身上。使用蘸有石蜡的小刷子涂抹在鱼身上，除掉这些虱子，然后再蘸特制的鱼用抗菌剂擦在鱼身上。

白斑

这些小寄生虫看起来像谷粒大小的盐或沙子。如果在早期发现这种疾病，就可以采用专门的治疗方式，在隔离鱼缸里治疗生病的鱼。

鱼溃疡

这种病有不同的表现，比如出现血斑、鱼鳍腐烂或肿胀的斑点。该疾病非常猖獗，难以治疗，所以最好清除并妥善处理掉受感染的鱼。

鱼真菌

真菌有几种类型，最常见的是口腔真菌和棉霉菌。捞出受感染的鱼，将它们放在隔离鱼缸内。小鱼总是容易死掉，不过大鱼和比较贵的鱼可以为其进行专门治疗，可以咨询兽医或鱼类专家。

其他池塘动物

新池塘很快就会充满微生物，还会有青蛙、蝾螈、蜻蜓和蜗牛前来，变得生机盎然。如果昆虫太多，也会构成问题，昆虫会损害植物，不过很快（多半）会成为其他动物的盘中餐。如果你看到某一种昆虫数量过多，要么主动控制其数量，要么引入以它们为食的动物。

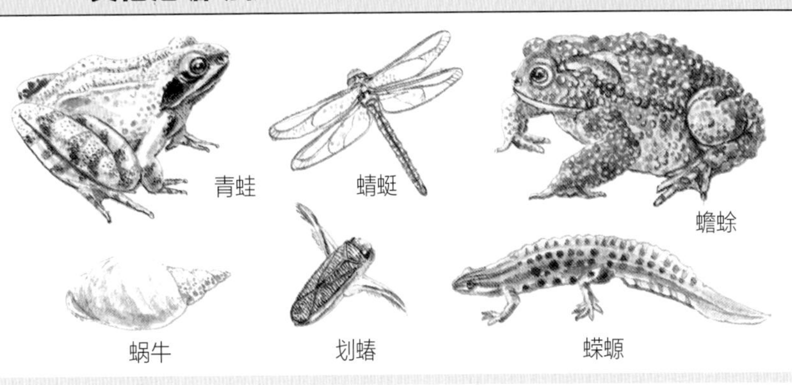

池塘维护

池塘维护很费时间吗?

如果一个从池塘选好址、修建好，精心储备了很多健康的鱼和植物，维护工作只需要检查和清理水泵、喷泉、分株和搬运植物、偶尔修缮以及进行季节性维修。最好不要等到各类系统堵塞并慢慢停止运作之后再处理，比如水泵故障、藻类过多、死鱼，应在平时就有条理地进行这些工作。

常规工作

夏季工作

每周清理一次过滤器、清除藻类和杂物，注满新水，在炎热潮湿的夜晚打开喷泉，为水中注氧（或者用软管喷水）。

秋季养护

清理落叶和杂物，修剪将死的植物，为植物分株，将幼嫩的植物搬到室内过冬。

冬季工作

取出最后的落叶，搬出并清理水泵、过滤器和喷泉，打碎冰面。

春季清理

清理池塘，进行维修，将水泵和喷泉安装回原位，照料植物并把植物放回原处。

一个漂亮的池塘并不是偶然得到的，也不是一年闪电式地进行一次大型维护。外观健康的池塘是持续进行少量的常规工作打造出来的。

池塘维护检修

问题	可能的诱因	可能的解决方案
水位下降，鱼类泛塘	池塘损坏；氧气不足	·修理池塘结构，修补渗漏的地方 ·安装带喷泉的大水泵，为水中加氧
水泵失灵	脏了或坏了	·清理及维修，或换一台水泵。检查电源
水泵正常运作，但喷泉喷出的水没有达到适当的高度	脏了、安装有误或坏了	·清理水泵，以使其达最大效率运作 ·清理喷泉，以保证所有阀门安装正确 ·换一个喷泉，将其水平安装，并将头部调整好
金鱼不见了	苍鹭	·在池塘边缘装一圈矮的金属丝 ·养一些具有伪装性的鱼，比如丁鲷
鱼看起来生病了	缺氧或疾病	·观察鱼类，治疗疾病。安装喷泉，清除浮渣
水质变绿，有发臭的浮渣	光照太足	·种大量长有漂浮大叶子的植物 ·安装水泵和喷泉 ·确保雨水没有混入花色繁多的花圃中再流入池塘
池塘底部有气泡冒出来	池塘底部有太多杂物	·池塘需要彻底清理掉所有水和泥 ·安装水泵和过滤器
植物过度生长	藻类	·安装喷泉，种植有漂浮叶子的植物，要有耐心
水质变绿，有大量藻类	营养素过剩，遮阴不足	·安装水泵和喷泉 ·每天清理藻类 ·安装过滤器
大量毛毯杂草及黑水	生态平衡遭到破坏	·清理池塘。清除所有的水和泥，清洗植物 ·重新种大量叶子漂浮的植物 ·补充鱼类

池塘维护清单

修缮

观察池塘所有结构，确保其状态良好，包括墙体、平台、栅栏、柱子、岩石、砖砌物、墙顶和外形。移除或修理任何看起来很危险的东西。擦洗桥体，清除淤积的烂泥，检查扶手。重嵌腐烂的砖缝。修复破裂的陶瓷罐或用线圈绑起来固定。

网

阻挡苍鹭等飞鸟的金属网若是沉入水中则非常糟糕，要及时修复。如果是暂时拦挡落叶则要定期清理。

喷泉

喷泉不止很美观，也能为水中注氧，不过只有处于良好的工作状态时才这样。如果喷水的水柱变得有点微弱无力，那就清理喷泉头检查伸缩管底部的小阀门是否安装妥当。检查所有的管道，确保给水管道没有扭结、堵塞或破裂。

清除多余的杂草

每天花点时间用网子或棍子清除过度生长的植物。这项工作可以找孩子们帮忙，不过要时刻注意他们的安全。从水里拉出绳子，清除并替换所有的野生动物、植物，将杂草放在堆肥堆上。

增加植物

如果池塘还有大量空旷的水面，那你就需要多种些漂浮植物，或者是长有漂浮叶子的深水植物，或者是自由漂浮的植物。如果池塘里养有鱼类，或者藻类正在增加，水质很浑浊，这一点尤为重要。

植物分株

很多水生植物可以通过分株（也可以间苗）繁殖。将漂浮植物拉开。鸢尾的根状茎可以用铁锹切成两半，随即种在新的地方。可以将不想要的植物送给朋友。

水泵维护

关闭电源，将水泵从池塘中捞出来。打开水泵，清洗大团的过滤泡沫。夏天时，你或许需要每周进行一次这项工作，尤其是水中有大量的藻类时。

检查鱼类

每天都要观察鱼类，看它们有没有吃东西，观察它们有没有任何反常的行为，比如泛塘或游到水面上来。如果鱼类看起来有点呆滞，你能够用网轻易将其捉住，那就近距离检查一下。看鱼有没有白斑和疹斑、身体或鱼鳍受到损害。需要将可疑的鱼转移至隔离鱼缸内。

为鱼类提供遮挡物

鱼类需要遮掩的遮盖物。如果植物在秋天即将死亡，那就用别的东西替代这种植物，比如旧排水管、旧陶瓷罐、砖块或瓷砖，任何可以为鱼类提供遮掩的东西都可以。

冬季防范措施

随着秋天结束，慢慢进入冬季，搬走水泵和喷泉，并用温暖的肥皂水加以清洗，用报纸擦干并包裹住。将它们保存在干燥、无霜的棚屋里，直到春天到来。

半耐寒的植物既可以放在原处过冬，也可以将它们移植到容器中，搬到室内。纤弱的漂浮植物必须搬到室内。

喷泉

有哪些选择？水泵难买吗？

不久以前，喷泉的选择非常有限，因为水泵体积庞大，难以购买，而且很贵。水泵机器也需要安装在棚屋内。不过，现在可以以相对低廉的价格买到各种各样易于安装的水下电动泵。如今，喷泉的大小不再受限于你的预算多少，你能够买到设计简单的，也能买到设计超级复杂的。

喷泉的选择

有两种基本类型的喷泉：一种是将水抽到观赏性雕像（小雕像喷泉）里，还有一种是喷水的形状构成了装饰性的外观（喷射式）。这两种类型的喷泉也有很多种选择。人物雕像有居于山林水泽的仙女造型和动物造型；其他形状包括磨盘、碟子、水柱以及很多其他不常见的项目。喷泉的喷射方式构成了喷射图案，有传统的单孔喷束，也有多层喷束、钟状喷束、环形喷束、还有会冒泡的喷泉和涌泉。

一个传统的喷泉只有一个喷头，能够为小池塘补氧，不用摆放观赏性雕像。

一个较大的溢出型碟子喷泉，中央有一个喷头，能够将流水的景象和声音完美地传达出来，同时又能够吸引野生动植物。

一个较大的人造石穿孔喷泉，喷涌的喷泉可以作为中心装饰品，非常适合安装在天然外观的池塘中。

喷射图案

如果你想为池塘补氧，同时又要欣赏流水的乐趣，但不想增加装饰物，那么简单的喷射式喷泉就是你最好的选择。市面上有几十种不同类型的喷射式喷泉，有的喷泉头安装在水面以上，有的安装在水下，有的可设置活动件引导喷水。

单孔喷水

多孔喷水

涌泉

环形喷水

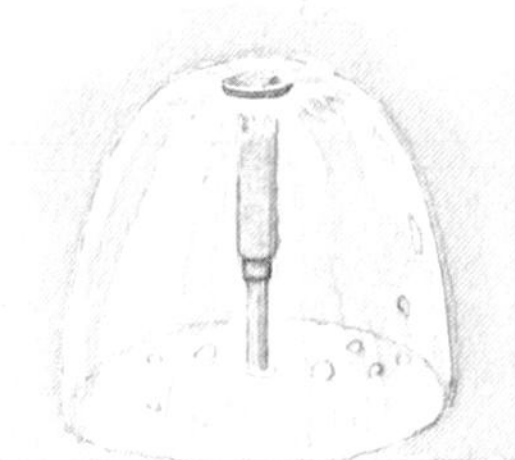

钟形喷水

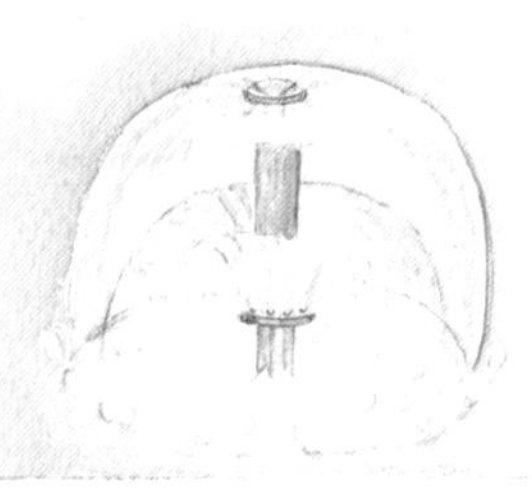

双钟喷水

如何安装小雕像喷泉

➘使用大罐子以及几块砖固定小雕像，这样其基座刚好位于水面以下，潜水泵平衡在砖块上。将电缆穿进保护性的螺纹塑料管中，选好址，这样电缆就能在引过来的途中和进入池塘时隐藏在塑料管内。

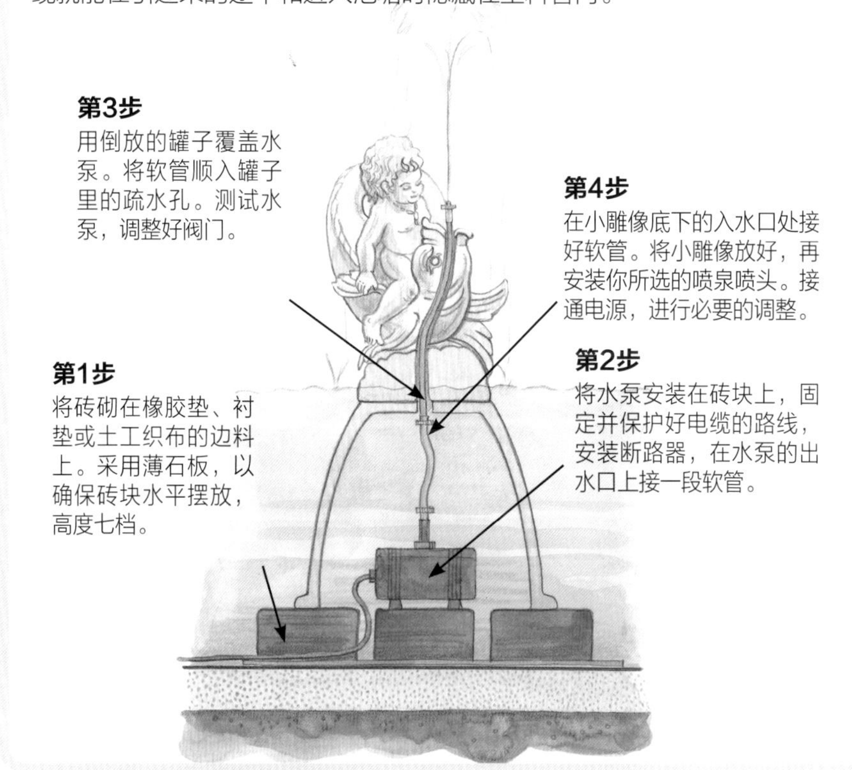

第3步
用倒放的罐子覆盖水泵。将软管顺入罐子里的疏水孔。测试水泵，调整好阀门。
第4步
在小雕像底下的入水口处接好软管。将小雕像放好，再安装你所选的喷泉喷头。接通电源，进行必要的调整。
第1步
将砖砌在橡胶垫、衬垫或土工织布的边料上。采用薄石板，以确保砖块水平摆放，高度七档。
第2步
将水泵安装在砖块上，固定并保护好电缆的路线，安装断路器，在水泵的出水口上接一段软管。

一个小型观赏性喷泉带有一个简易单孔喷头，从令人赏心悦目的小雕像里喷出来。流水的声音非常有趣，令人身心放松，加过氧的水能够维持池塘的正常运作。最好的情况是几个小时就可以安装完成整个工程。

要做的事和不要做的事

喷泉有益于整个池塘，也乐趣多多，不过前提是安排好位置并且喷泉正常运转。

务必要选择恰当功率的水泵以满足你的需要。

务必要安装一个断路器，以避免触电的风险。

一定要确保你的水泵和装饰物互相兼容，配备充足的电压并完成恰当的安装。

一定要将喷泉放平，用水准仪检查一下。

不要吝啬管道的使用，要确保其长度合适，不会扭曲，不使水流受阻。

不要在向风处安装复杂、精美且高度较高的的喷水设备。

如果你家池塘水面覆盖有很多阔叶的植物，比如睡莲和莲花，那就不要选择大型喷水设备。

水泵

水泵有两种类型：潜水泵和露出水面的水泵。潜水泵几乎可以说是最佳选择。高电压、露出水面的水泵当然也是个不错的选择，不过前提是你需要移除大量的水。计算自己所需的水泵最简单的方式就是测量喷头高度（水面至喷泉头顶部的距离），另外再增加300mm，然后买一个相应功率的水泵。详见第20～21页。

此外，你还需要一大段低压、耐用的电缆（足够从水泵电缆街道房内电源处）、防水接头、电路断路器和用以保护电缆的足够长的塑料管或螺纹管。如果你直接将水泵安装在观赏性雕像的下面，那么你还需要兼容的配件。

独立的露台喷泉

如果你想感受流水的乐趣，但没有或不想要池塘（也许你担心孩子们的安全，想直接在露台上安装，或者你住的地方是租来的，有一定的限制条件），那就可以选择水泵加水坑喷泉的套装。详见第77～79页。

你需要建个水坑（装载所有水），再买个与水坑相配的潜水泵、一个观赏雕像、一个电路断路器，当然还需要一个喷泉头。务必要选择矮一点的雕塑，这样水就不会洒得露台上到处都是。如果你不想破坏露台，在上面挖坑修水坑，你可以转而选择观赏性的水坑，可以利用水槽、罐子或桶，你可以直接将其安装在铺砌的露台地面上。

传统的面具壁泉或排水口是另一种喷泉，非常适合小型露台。详见第72~73页。

跌水和瀑布

这二者有何不同?

瀑布是水由上向下落下来的大量的水体，而小瀑布则是水由一系列架子上流下来的水体，更像是从一段楼梯上流下来的。这两种水景都是将水抽到头池中，注满后水从头池里溢出来而形成的。瀑布中溢出来的水像一块飘动的柔软丝绸，从一个平面到另一个平面急剧跌落；而跌水的话，水溢出来从一个台阶往另一个台阶溅落，构成了一连串的迷你瀑布。

跌水和瀑布的选择

要建跌水还是瀑布?

水一下子坠落形成单一的水帘，比如800mm的高度，噪声会很大而且坠落得很急剧，你想要这样的效果吗？或者，水从台阶上留下来，比如4个200mm高的台阶，你想要这样的效果吗？

你想在跌水的底部如何布置？你想让水落入养着植物和鱼的池塘中（这种情况下，跌水大概是最好的选择），还是看到急剧跌落的水本身就足够了？

记住，虽然瀑布很惊艳，但其噪声和单一降落的水流可能会很惹人讨厌；而跌水则更加安静。

天然外观还是人造风格?

瀑布和跌水可以通过其中一种方式建造：要么模仿自然，整体的设计都是用真正或人造的岩石和石头建成的；要么受人造结构启发设计，比如从沟渠或蓄水池中溢出来的景象。

考虑一下你最喜欢哪一种方式，哪一种方式将与你家庭院的风格相称。你可以利用大块石头和卵石头建一个微型尼亚加拉瀑布；或者你喜欢砖砌的建筑，还可以用金属或石头构造细节。

露台跌水

在最小的露台上，也可以欣赏落水的情景。

面具壁泉 如果你想要落水的效果，但家里只有一个小露台，那么面具壁泉就是一个省心的选择。你可以让水从排水口流入一个或多个盈满的碗里，实现小瀑布的效果（见第72页）。

跌水套装 市场上有很多水泵加水坑的套装，可以实现水从一个平面溢出至另一个平面的效果，且不必挖坑，水泵将水压入桶里，压入金字塔状的溢出碗，还有很多其他选择（见第77页）。

如何修建跌水

利用预成型的组件

➘ 看一看组件，测量一下，确定高度差和水平距离。研究选址，计算完成整个项目需要用到多少组件。按照你的要求，选择水泵和管道。

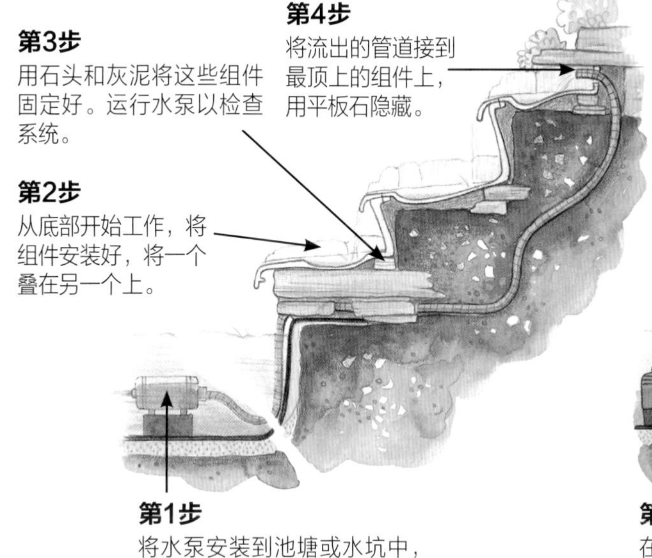

第4步
将流出的管道接到最顶上的组件上，用平板石隐藏。
第3步
用石头和灰泥将这些组件固定好。运行水泵以检查系统。
第2步
从底部开始工作，将组件安装好，将一个叠在另一个上。
第1步
将水泵安装到池塘或水坑中，将流出水管接到头池。

用柔性衬垫打造跌水

➘ 跌水可以仅用一张衬垫建成，也可以每层使用一张衬垫。如果你在修建池塘之后，后续又要修建跌水，就可以用池塘剩下的衬垫边角料。

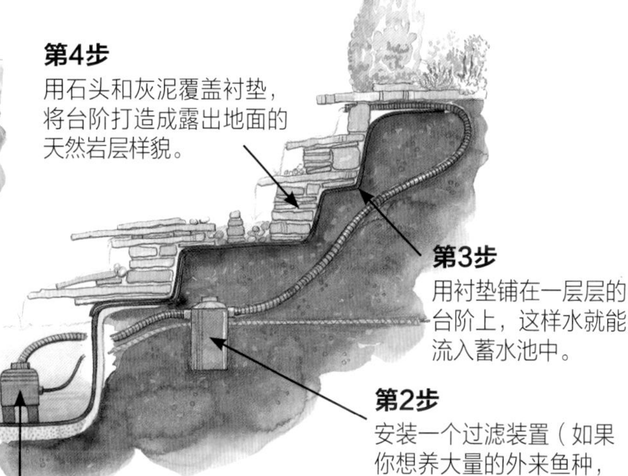

第4步
用石头和灰泥覆盖衬垫，将台阶打造成露出地面的天然岩层样貌。
第3步
用衬垫铺在一层层的台阶上，这样水就能流入蓄水池中。
第2步
安装一个过滤装置（如果你想养大量的外来鱼种，这一点很重要）。
第1步
在池塘或水坑中安装好水泵，将流出的管道接到头池。

如何修建瀑布

如果你家有现成的溪流，就可以不费多少力气建成一个永久性的瀑布。先修一个水坝将水流（小溪流）引开。为了打造这个高度差，跨过小溪挖一条沟，填充150mm的混凝土。铺一块承接飞溅的水的水平石板，在这个地基上修建一道垂直的墙，作为溢洪道的底部。为溢洪道选一块大景观石，将其放在灰泥底上。在溢洪道石头的顶部放一块扁平的岩石，打造出较宽阔的重叠边缘。用石头或卵石掩盖混凝土。

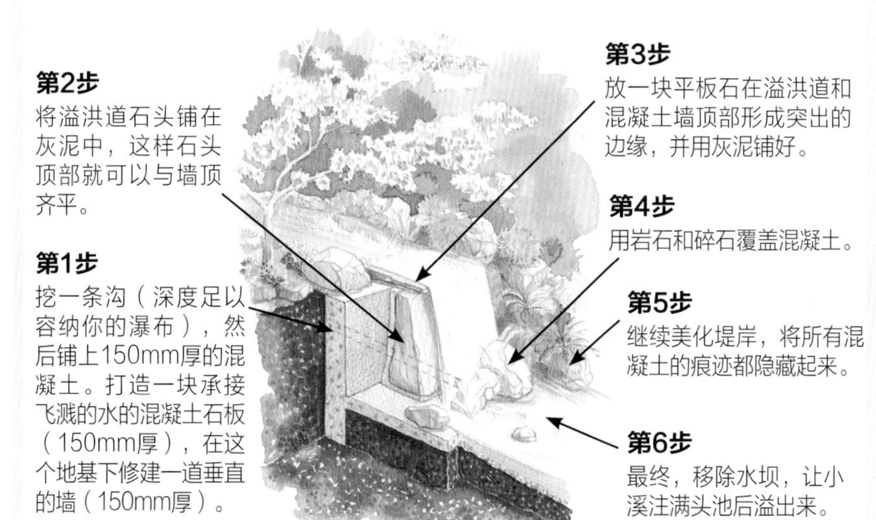

第2步
将溢洪道石头铺在灰泥中，这样石头顶部就可以与墙顶齐平。
第1步
挖一条沟（深度足以容纳你的瀑布），然后铺上150mm厚的混凝土。打造一块承接飞溅的水的混凝土石板（150mm厚），在这个地基下修建一道垂直的墙（150mm厚）。
第3步
放一块平板石在溢洪道和混凝土墙顶部形成突出的边缘，并用灰泥铺好。
第4步
用岩石和碎石覆盖混凝土。
第5步
继续美化堤岸，将所有混凝土的痕迹都隐藏起来。
第6步
最终，移除水坝，让小溪注满头池后溢出来。

修建斜坡

为跌水或瀑布修建斜坡最简单也最经济的方式就是将其当作池塘的附加物，利用池塘挖出来的废土垫高一侧。这就解决了废土的利用问题，也能将成本控制到最低。

水泵功率

计算喷头的高度（从蓄水池水面到头池之间的垂直距离），然后购买预算范围内最大功率的水泵。

改进

如果你喜欢跌水和池塘（而且在空间和水平面允许的情况下），可以将这两者结合，用大量的相连的水池打造成延长的溪流。只需要在相连的阶地上修建池塘，这样一来不同的阶地就能彼此搭叠。

你可以在池塘里注满水，让这个系统运作，在池塘上挖掘小的溢流口，让水流入沼泽区，在两侧种植植物，进一步美化此处。

小溪

我可以在自家的小庭院中建一条小溪吗？

如果你家的庭院大小足以修建一串曲折蜿蜒、天然外观的小型池塘，那么就有足够的空间在顶端修建一个大头池、在底端修建一个相当大的蓄水池。你必须做好辛苦工作的心理准备，因为这需要大量的挖掘和搬运土壤的工作。为了得到最佳效果，小溪沿岸也需要大量的种植空间。

一条往下汩汩奔流的山涧是非常惊艳的景色。光秃秃的岩石说明急流的小溪可能随时会变成迅流！

山涧

山涧多岩石，流速较快，而且声音很大。如果你想打造类似的湍流，有三个必要条件：①选址坡度要大；②有一台处理水量和水作用力的大功率水泵；③有大量用以打造底部和小溪两岸的岩石。

草地小溪

天然草地小溪或小河呈带状，流淌缓慢，曲折蜿蜒，两侧有很多植物，对于大部分庭院都是不二之选。水流的景色和声音有治愈的效果，有助于冥想沉思。草地小溪的魅力多半来自于慢慢流淌的水、弯曲的堤岸、两侧茂密的植物以及吸引而来的大量野生动物。

考虑选址

天然的小溪往往流过山谷，小溪两侧的土地形成了坡度较小的斜坡，向下延伸至水面。看一看你的选址是否有可能在树丛和花坛之间挖掘一条较宽的蜿蜒沟渠，或者你可以将废土覆盖在庭院里，打造通往水面的斜坡吗？

一条缓慢流淌的草地小溪是野生动植物的栖息地，也是安静沉思的最佳场所。品类多样的植物为堤岸增添了色彩丰富的景色。

小溪的选择

草地小溪

➘ 一条流速非常缓慢的小溪蜿蜒穿过草地，两岸生长着郁郁葱葱的植物，青草蔓延生长至水中，水底有一层淤泥沉积。

多岩石的山涧

➘ 一条快速流淌的小溪，湍流穿过峡谷，两岸有大量的岩石和页岩。水底是由一层层的沙子、卵石和岩石构成的。

水坝小溪

➘ 一条由一连串相连的水池构成的小溪，水坝上有瀑布流下。这样设计的好处在于一旦水泵发生故障，每个水池仍可以作为独立的单元流淌。

如何打造小溪

第5步
在小溪中注满水（到溢出来），然后发动水泵。在小溪两岸种植你所选的植物，种一大片，无论是水中还是岸边满是植物。

第4步
耙平并将废土堆成斜坡，这样小溪就能流过整个结构，从岸上流下来，流过混凝土，来到小溪的中心。要将其打造成坡度较小的平滑轮廓。

第3步
在土工织布一丁基衬垫的夹层上覆盖一层100mm厚的混凝土，混凝土要宽一点，以覆盖夹层的边缘。

第2步
在沟渠之间的溢水边缘修建溢洪道或水坝。用土工织布一丁基一土工织布的夹层覆盖整个挖掘面。

第1步
规划出小溪的路线，挖掘一连串相连的宽V截面的沟渠。沟的宽度约比设想的小溪宽两倍。

↙ 规划出小溪的路线，挖掘一连串相连的宽V截面。将给水管埋在地下，连接头池和蓄水池。在整个挖掘面上铺好土工织布衬垫，然后再铺丁基衬垫，再铺一层土工织布。在土工织布一丁基的夹层上覆盖100mm厚的混凝土。在水池相互重叠的点上修建一个牢固的泄洪道或水坝。在每个水坝的池塘边放好岩石。将废土覆盖在整个区域，这样就构成了一个缓缓的斜坡向下通往小溪的中央。安装水泵，在整个系统中注满水，这样你就能看到水位。在小溪的两岸种植你最喜欢的湿生沼泽植物和草地植物，比如鸢尾、灯心草、蕨类植物和沼泽植物。

小溪的附加景观

踏脚石 踏脚石非常漂亮，能增加小溪的宽度，让周围的植物更加吸引人的目光。在建造工程铺混凝土的阶段最好用灰泥砌好石头。

桥 桥梁可以很好地为小溪增光溢彩。桥下穿流而过的水与桥边一长片的植物为庭院增加了新的景色。

水车 如果你喜欢砖砌和石砌结构，水车就是个有趣的点子。你将需要在溢洪道中修建一条狭窄的通道，两边各放置一个轴承承担主轴；水车可以用木头支撑，框架用金属加固。

打造小溪用的石头

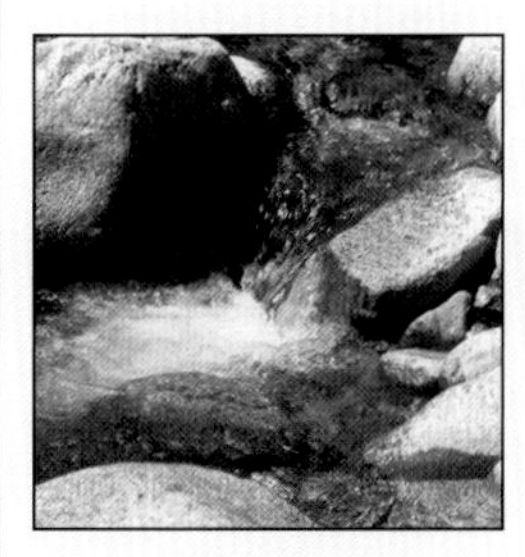

试着用当地的石头，其颜色与周围的环境会很和谐，成本也相对低廉。

采用单一类型的石头 如果想打造出自然效果，那就选定一种类型的石头。用混合的碎石修建堤岸，在水中放置风化的石头，以模仿自然效果。

考虑规模和布置 在石头的选择上，试着与你家庭院的特色相呼应。整体方案利用碎石和大卵石，再用一两块“景观”石打造踏脚石或小岛。利用回收的琢石表现过去的历史。

小溪旁的植物

看一看当地的天然小溪，以汲取灵感，作为指南。

选择当地的品种 不要忍不住种很多美丽的野生的外来物种，因为这些植物可能很难成活。

合适的植物 你可以种灯心草、鸢尾和蕨类植物，另外可能还可以种小柳树以及一两种外来植物。先种在本地能够茁壮成长的植物，这样就能迅速奠定环境色彩和结构的基本框架，然后再逐渐种特色的植物。咨询一下当地公园及带有小溪的庭院的主人，征求他们的意见。

沼泽庭院

什么是沼泽庭院?

自然的野生池塘一般在水边都有低洼的浸水区域，长满了灯心草、鸢尾等植物，栖息着很多野禽、青蛙、蝾螈等野生动物。这些区域从来都不会干涸，总是特别湿润，很难踩上去，不过这样的环境能让水自由流过土壤，而不会停滞。沼泽庭院是这种池塘的人工复制品。

适合种植的好地方

土壤含水量较多的区域非常适合种植茂盛而喜水的植物。房子一般建在排水性良好的地方，所以这类房子的庭院也往往排水性良好。建造沼泽庭院能让你为庭院这块调色盘增添万花筒般的令人惊艳的色彩，大量的绿色，光滑、多肉的叶子，还有引人注目的叶片形状都为庭院增添了美景。

寻找喜欢潮湿环境的植物，也就是那种长在沼泽地、成荫的林地、低洼的河堤以及河畔草地处的植物。

我可以将沼泽庭院布置在哪里?

沼泽庭院可以围绕野生动植物池塘而建（这样植物就可以吸收池塘溢出来的水），也可以建在距池塘较远的单独区域内（庭院确实不需要池塘的情况下）。如果你不想修建池塘，因为你家的庭院太小，或是因为你有孩子，担心他们的安全，那你就可以只建一个沼泽庭院。

如何打造沼泽庭院

一个独立的沼泽庭院
作为独立的景观而建

通过给坑里铺塑料衬垫，增添卵石排水，安装给水设备以确保土壤始终潮湿，这样就可以打造出一个沼泽庭院。为了降低成本，可将黑色塑料袋叠加使用，给这个坑加衬垫。

池塘边的沼泽庭院
为延伸池塘视觉效果而建

池塘边的沼泽庭院最好与池塘同时修建，可以充分利用衬垫的边角料。沼泽庭院将得益于池塘中不断渗出来的水，不过你需要确保其不会将营养元素过滤回水中。

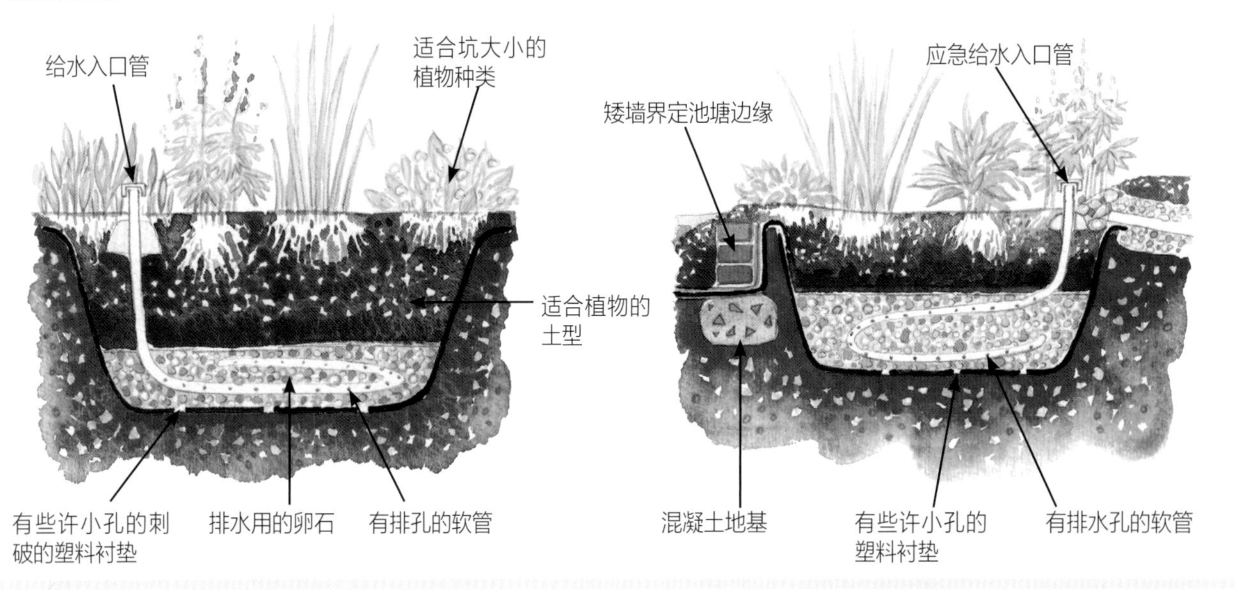

湿生植物

池塘边的耐寒植物和湿生植物构成的赏心悦目、自由生长的混合植物景观，有白星海芋、水仙菖兰、野生灯心草、青草和鸢尾，它们都十分享受湿润的土壤环境。

湿生植物是绝对享受生长在潮湿的沼泽土壤里的，有时候这种植物被描述为“喜欢水的植物”， 前提是土壤中的水自由流动。换言之，尽管湿生植物能够在沼泽土壤中茁壮成长，它们还是不喜欢渍水的土壤或已经变成死水的环境。

很多生活在浅水中的边缘植物也能够在沼泽庭院中成活。

先少买一点植物，仔细了解生长习性。不要将植物种得过深，要注意沼泽不会干涸或泛洪灾。

湿生植物的问题

相比庭院中其他的植物，湿生植物不需过多的照料，不过有几个具体问题需要注意。

蜗牛 大量的水蜗牛会咬穿新生植物。养一些鱼，以遏制蜗牛的繁殖。

冠腐病和叶腐病 如果新生植物的顶端很快就变黄，就有可能是植物不适应水深。试着将其移植到稍微干一点的区域。

害虫 多数害虫可以用手指捏死，或喷洒细水雾将它们喷下来。不过要小心使用杀虫剂，因为它可能会导致鱼类死亡，使用杀虫剂前要仔细阅读使用说明。

常见的湿生植物

生长在潮湿、沼泽环境中的植物有很多，有的是将根扎在水中，但这些条件必须保持恒定不变。如果土壤条件介于沼泽和干燥之间，就不利于湿生植物的生长。

普通湿生植物	花朵漂亮的湿生植物	叶子漂亮的湿生植物
日本花菖蒲 细长的叶子，蓝色、白色和紫色的花朵。成簇生长最为美观	**日本樱草** 亮红橙色花朵。适合潮湿、排水性好的土壤	**大根乃拉草** 叶片两边最多可达1.5m。需要一定生长空间
大黄 大叶，红花。需要大量生长空间	**金莲花** 金色花朵。成片生长很美观	**斑叶芒** 条纹叶子十分引人注目
玉簪 多肉大叶，下垂的小花。成群生长非常美观。易于生活，适应性强	**金针花** 大量的橙色花朵，灯心草状的叶子。成簇生长很美观	**王紫萁** 长长的绿叶，尖尖的棕色花朵
萱草 灯心草状的叶子，开有一连串的小喇叭状花朵。品种多样。一枝枝萱草生长在池塘边很漂亮	**火星花** 火焰状花朵，绿色叶子。花朵经久不凋	**草芦** 绿色、白色条纹的草 **白藜芦** 长长的花。成簇生长很美观

微型沼泽庭院

如果你喜欢沼泽庭院，但庭院空间较小，或者你只有一个阳台或小的屋顶庭院，那么容器沼泽庭院就是你的最佳选择。你可以寻找美观的容器，一组组地摆放，打造出郁郁葱葱的效果。

岸滩

我喜欢卵石，岸滩很难修建吗？

就池塘而言，岸滩是一条宽宽的圆形卵石或椭圆形卵石带，从陆地上缓缓往水中延伸。岸滩的美丽之处在于你可以走到水边，而脚不会粘上泥，也不用害怕不小心滑进水中。修建岸滩跟修建一个长满草的斜坡一样简单，不过选址面积需要更大一点，还需要进行更多的预先规划，而且修建岸滩相对贵一点。

岸滩

在大庭院中，围绕池塘修建岸滩非常合适。缓缓的斜坡延伸至水中，脚下非常安全而且牢固。孩子或腿脚不便的长者不会轻易滑进水中，没有宠物犬、禽类和孩子们喜欢搅和的泥巴，地基也很牢固，独轮手推车可以经过，可以让孩子在沙滩上玩玩具也可以摆放庭院家具。

围绕池塘的岸滩唯一缺点就是需要大量的空间铺垫缓坡。不能为了减少所需空间而用陡坡代替，这样砾石会滑入水中，而且岸滩会更滑、更危险。

节省空间的办法是在池塘的一边设计一个缓坡岸滩，另一边是沼泽庭院或种植区。这种布置能让你充分享受两个世界，既可以走到水边观赏水景，又可以欣赏池塘另一边的植物。

周围的其他自然景观

如果你不喜欢单一的岸滩，还可以创造出其他可能性，例如可以利用板岩、石头、沙子和树皮铺设。或者是一条长满灯心草的宽宽的沼泽庭院带，往下一直蔓延至水边的草坪，甚至也可以是由回收的特色物件打造的环绕景观，比如长满了苔藓的树根或大卵石，你可能更喜欢这些设计。

花点时间了解当地的供应商，看看它们都在卖什么，这将帮你将成本降至最低，更好的一点是，使用当地的植物将确保池塘的特点与周围环境协调一致。

池塘边一块光滑、多彩的卵石区让你既可以靠近水边，又不必担心打湿双脚或粘上污泥，而且景色很优美。

其他小道具

看一看周围天然的水道，你会发现人们是如何利用岸滩的。你也可以在自家岸滩上做些别的，比如画风景画或其他消遣。

你可以创造的事物 可以修建一个码头，从岸滩上伸出去，也可以修筑一排防波堤，向下往水中延伸。可以用小圆石、沙子或卵石减缓坡度。

你可以留心的事物 可以为池塘确定主题，带沙滩的池塘可以加个旧划艇或一堆渔网以及虾笼，农家类型的池塘可以用马车轮、旧工具、牛槽、栅栏或树桩装饰。

一个中规中矩的庭院池塘，一边是湿生植物，依靠一丛趣味盎然的灌木。压实的砾石让池塘更加干净。

如何修建池塘和岸滩

↘挖一个大坑，用砖砌边，用土工织布和丁基衬垫铺底，就像修建天然池塘那样。唯一的区别就是，池壁边缘不再是一圈平整的种植架摆放区（见第13页），而是一条连续、平缓的斜坡，从池壁延伸进池底，以此来掩饰池塘边缘更加自然的岸滩。

在购买铺设岸滩要用的砾石时，务必注意要购买清洗干净的圆形砾石。不要用又脏又浸满盐分的砾石，更不要使用碎石。如果你想再专门建一个沙滩，需要购买三种大小的砾石，将鸡蛋大小到豌豆大小的卵石，按大小分开再铺设好，靠近水边要用最小的砾石。

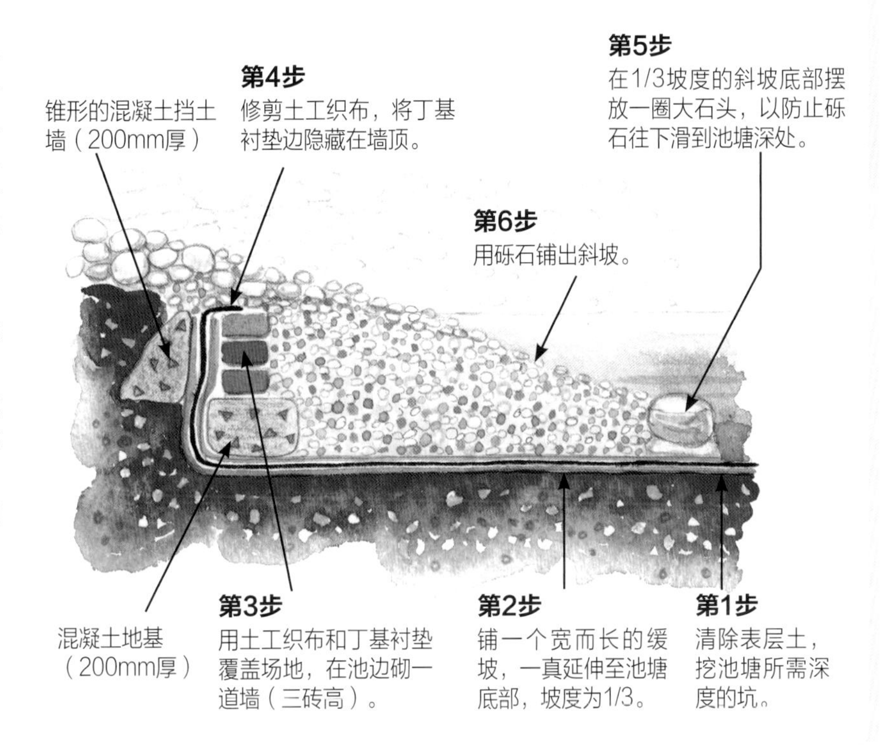

锥形的混凝土挡土墙（200mm厚）
第4步
修剪土工织布，将丁基衬垫边隐藏在墙顶。
第5步
在1/3坡度的斜坡底部摆放一圈大石头，以防止砾石往下滑到池塘深处。
第6步
用砾石铺出斜坡。
混凝土地基（200mm厚）
第3步
用土工织布和丁基衬垫覆盖场地，在池边砌一道墙（三砖高）。
第2步
铺一个宽而长的缓坡，一直延伸至池塘底部，坡度为1/3。
第1步
清除表层土，挖池塘所需深度的坑。

如何用岩石堤岸修建一条“河”

↓这个设计可以看作是一条两头隐藏在视线之外的“河”，其长度远大于其宽度。岩石需要有一部分沉在水底。河流与天然池塘的修建方法差不多一样，都需要用土工织布和丁基衬垫，唯一的区别就是混凝土地基替代了的种植架，混凝土地基顶部有一道挡土墙和大型岩石。

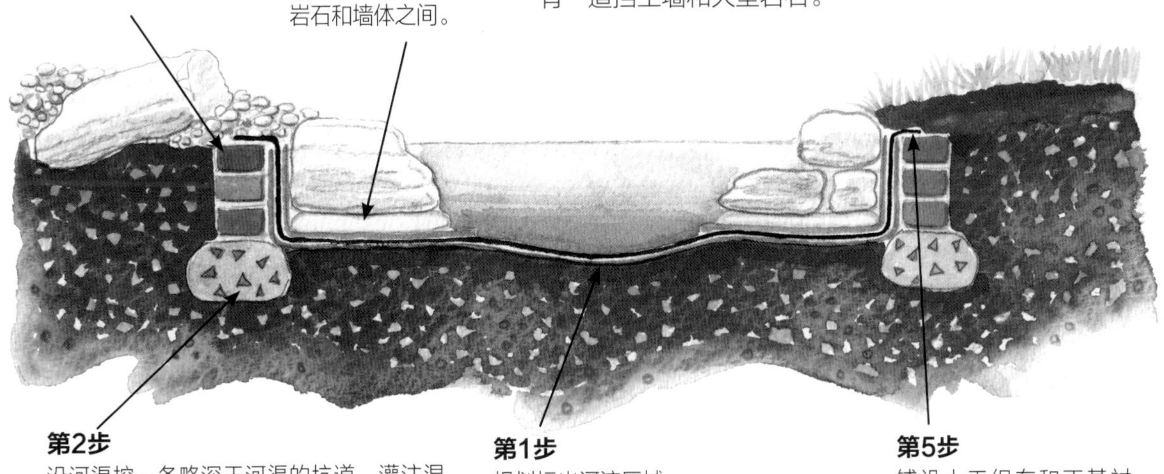

第3步
在环形地基上修建一道三砖高的墙壁，以界定池塘边缘。
第4步
在土工织物上铺好灰泥、岩石，以使土工织布和丁基衬垫往上穿过岩石和墙体之间。
第2步
沿河渠挖一条略深于河渠的坑道，灌注混凝土环形地基（200mm厚），地基要宽一点，足以支撑挡土墙和岩石带来的压力。
第1步
规划标出河流区域，挖出河渠。
第5步
铺设土工织布和丁基衬垫，覆盖土壤，让它们隐藏于视线之外。

桥和踏脚石

在庭院里修桥难吗？

水面上的桥可以改变一个庭院景观，你可以从庭院一侧穿过水流走到另一侧，还可以在桥上停留欣赏风景，这是一种无法抵挡的诱惑。这样的横跨物极具多样性，可以是基本的垫脚石，也可以是径直的枕木桥，以及更多复杂的桥体结构。

安全

孩子总是会受各种桥和踏脚石的诱惑。如果你担心孩子的安全，那么就修建篱笆或门，或者等到孩子年龄大一些再修建桥或踏脚石。

跨越水域的方式

水的宽度和深度决定了跨越水域的结构设计。

- 只用枕木可以打造跨越狭窄小溪的最佳方法。
- 在更宽一些的溪流上建桥，需在两侧架起横梁，再铺上木板。
- 深而宽的小溪需要带扶手的桥体，既安全，而且设计又非常完整。
- 扁平的垫脚石适合铺在缓慢流淌的浅溪流中。
- 作为跨越宽阔深水域的桥梁的替代方案，也可以将石板搭在支墩上。注意排干水再修建比较好。

垫脚石

天然石头

↗ 单排的天然垫脚石非常适合简单、较浅的小溪。扁平的石头更容易固定在溪流中。

日式石头

↗ 这里石头的布置增强了水体的存在感，看似一大片水体，其实水很少。

深水石头

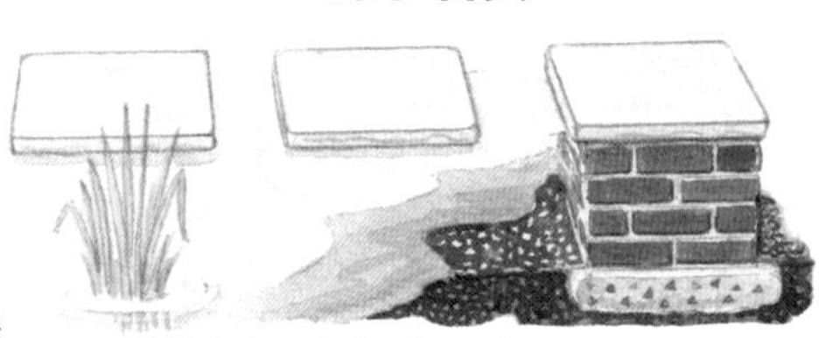

↗ 铺路板固定在砖砌支墩顶部，可以穿过宽而深的水域。

如何打造枕木桥

一个横跨沼泽地的小型枕木桥，实用、美观，修建过程也非常简单。

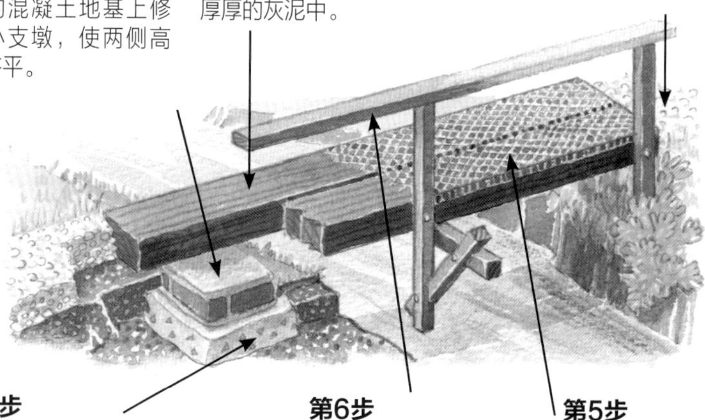

第1步
在溪流两侧各挖一条浅沟（300mm深），在里面灌满200mm厚的混凝土。在小溪两侧都这样做。

第2步
根据现场情况，使用石块或砖块在小溪两侧的混凝土地基上修建小支墩，使两侧高度齐平。

第3步
将枕木搭在两个支墩上，慢慢放就位，将其固定在厚厚的灰泥中。

第4步
修建一条往上通往枕木两头的斜坡，必要时可修建一两级台阶。

第5步
如果你担心会滑倒，可用细格铁丝网覆盖在枕木上。

第6步
安全起见，还可以在桥侧加装扶手。

如何修建拱桥

木制拱桥是一种简单的设计，只需八根支柱、桥面路以及两边的扶手。主梁通过横梁搭在支柱上，与桥面绑在一起；扶手修在支柱顶部。U形结构非常结实、美观。扶手不仅让人们过桥时更安全，而且有助于加固桥体结构。

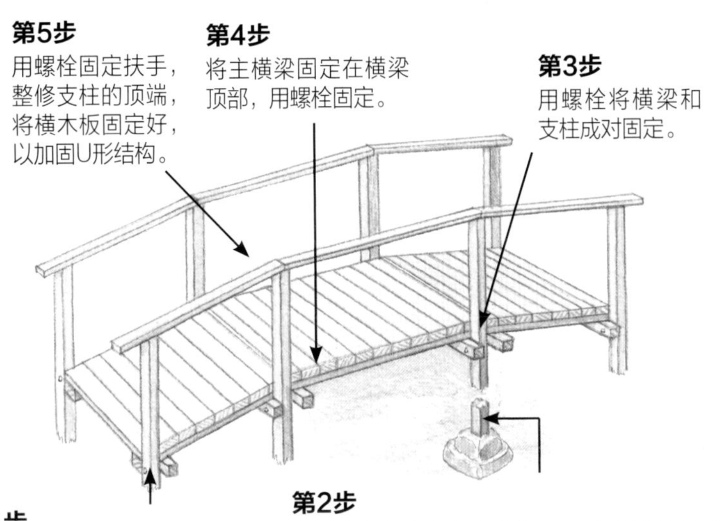

第5步
用螺栓固定扶手，整修支柱的顶端，将横木板固定好，以加固U形结构。
第4步
将主横梁固定在横梁顶部，用螺栓固定。
第3步
用螺栓将横梁和支柱成对固定。
第1步
在小溪两侧各往地里打两根柱子。
第2步
在灌注在河床上的约150mm厚的混凝土地基上固定四根柱子（长度根据小溪的深度而定）。

更多类型的木桥

一个带有横木和扶手的传统U形桥。其中，有三根延长的桥面横木作为承力外伸支架，支撑柱子和扶手。

一种简单的日式桥体。小梁将柱子末端连接到主梁上，有助于加固扶手。

砖石砌拱桥

传统的砖石拱桥结构非常结实耐用，外形也很美观。不过，这个结构修建起来非常复杂，如果你家的小溪很窄但很深，那你就可以将一截较粗的混凝土管放到水里作为支撑建造拱桥，并将其当作永久的结构放在原处。你只需修一条越过管道的小路，这样管道就隐藏在视线以外了。

一个用石头修建的简单拱桥，下面是一条粗混凝管。这条管道放在溪水中，以此为支撑物修建拱桥。

如何修建石堆桥

石堆或石柱桥的起源可以追溯至人们还用驮马运输货物的时候。其实，这种桥是一系列由大石板相连的石墩，高度和石墩的间隔取决于水深和石板的长度。如果你想在庭院中修建类似的桥梁，先看一下你能抬起多大的石板，然后再在当地查看一下可否买到这样的石板。

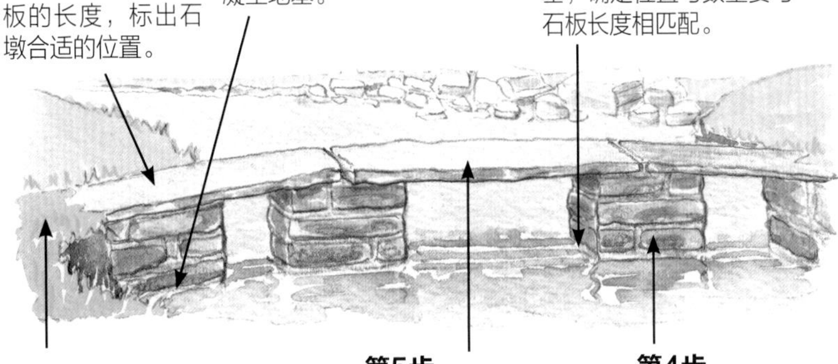

第1步
排干溪流。测量石板的长度，标出石墩合适的位置。
第2步
在溪水两侧300mm深的坑里直接灌注150mm厚的混凝土地基。
第3步
直接在河床上灌注150mm厚的混凝土地基，确定位置与数量要与石板长度相匹配。
第6步
将土壤筑平，以使小溪两侧至地基处的地面比较光滑，到桥梁起点的小路比较结实。
第5步
等灰泥凝固、石墩固定后，在厚厚的灰泥上铺石板桥面。
第4步
使用灰泥和石片修建高度相同的石墩。确保石墩垂直排列。

码头和木甲板平台

码头和木甲板平台有什么不同?

码头的最佳解释就是一条延伸至水中的窄木头走廊，比如大海、大湖或池塘边。木甲板平台更像是一个木制露台，可能建在水边，也可以不建在水边。码头和木甲板平台都是木制的，都是抬升的，更妙的一点是修建过程中几乎不会产生土壤搬运的工作，可以适应各种地形复杂的地方，比如岩石斜坡、沼泽，当然还有水域。

非常稳定的L形池塘边木甲板平台，长长的L形木板穿越水面，也可看作一个码头。

木甲板平台

水边木甲板平台不能影响池塘的整体性，经过处理的木头不会在浸水之后溶解出有毒物质、损害池塘衬垫。承重托架须间隔约400～500mm，这样就不会下沉。支柱要确保高度统一，木甲板才能平稳铺设。最后，承重托架需要用螺栓固定在支柱上，将木甲板用螺丝固定或钉在承重托架上。

修建在池塘边的木甲板平台非常适合欣赏水景。木甲板能够巧妙地将池塘中的水泵和过滤系统隐藏起来。

如何修建码头

码头与木甲板平台的修建大同小异，支架伸入水下混凝土地基将土工织布和丁基衬垫打造而成的厚垫子铺在最下面。这个垫子有助于分担重力，阻止支架破坏衬垫。如果能先排干池塘中的水再施工，那就再好不过了。这有点难，不过还算有趣。

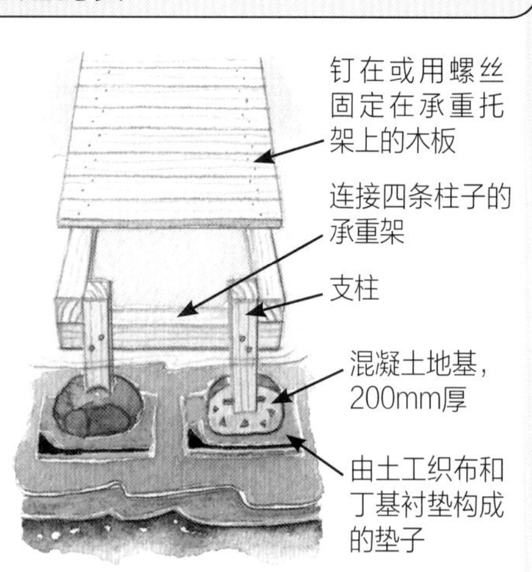

如何修建木甲板平台

池塘边的木甲板平台修建在距水边很近的地方，前缘往前突出至少600mm，这样水边就隐藏在了木甲板下。如果你想在现有的池塘边修建木甲板，又不希望破坏池塘的整体性，最好是在水边修建一道矮墙，然后再在矮墙上修建平台，这样主承重托架就固定在陆地上，木甲板延伸过墙壁，更像是跳水板。

第2步
挖300mm深的坑，再灌入300mm的混凝土，为支柱打好基础。

第1步
修建一道矮墙，尽可能靠近水边。墙顶应稍微高于水平面。

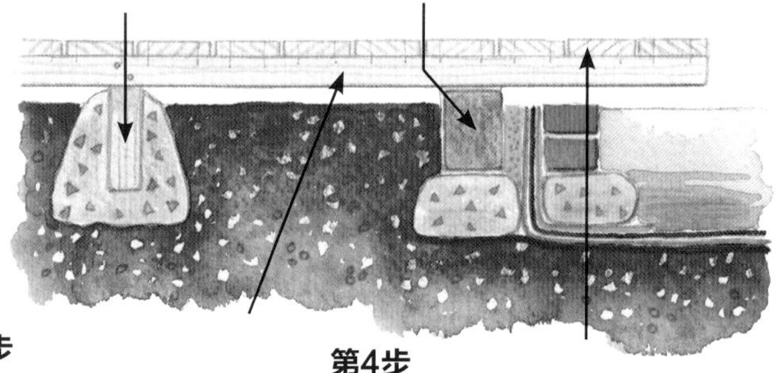

第3步
将承重托架搭在柱子和墙上，这样托架都悬在水面上。

第4步
将木甲板和承重托架用两个螺栓或钉子固定在一起。

小岛

小岛可以是几乎跟池塘本身面积一样大的高地（这样你就拥有一块有小溪流过的小山丘了，溪水更像是城堡的护城河），也可以是一小片只能容纳几只鸭子落脚的土地。无论大小如何，小岛的乐趣都是无穷的，可以成为一个微型野生动物栖息地，青蛙和蝾螈的庇护所，甚至可以成为让你安静冥思的焦点。

我有一个小池塘，可以修建一座小岛吗？

小岛的选择

如果你正在修建池塘，想要建一座小岛作为主要景观，那就留下一块高地，围绕着高地修建池塘。如果你要将小岛打造成为第二种景观，可在建完池塘后，在其中心修建一座小岛。

天然外观的隆起物

↘ 如果你想建一个带岛屿的天然池塘，且你家庭院足够大，则可以挖一个大池塘，在池塘中留出一个土丘作为小岛。通过修建一道挡土墙，修整小岛边缘，跟修整池塘边缘的方式相同（见第16～17页、第28～29页）。

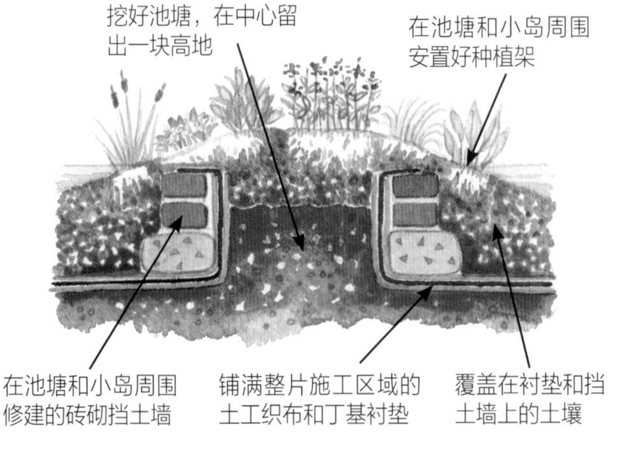

一个天然外观的小型石岛，更像是一组长盆栽，为池塘增加了几分特色。

修建基座

如在现有的池塘里修建基座，要先排干水，再确定基座的大小和位置，在施工场地上铺一层土工织布和丁基衬垫，再在上面模筑比基座稍微大一点的150mm厚的混凝土板。修建一道环形墙（根据池塘确定大小和深度）。在中心填满碎石，顶上覆盖土壤。

如修建一个带基座的新池塘，要先挖出池塘所需的坑，模筑混凝土板（150mm厚，比基座稍微大一点），在整个施工场地上铺好土工织布和丁基衬垫，然后继续修建如上文所述的墙体。

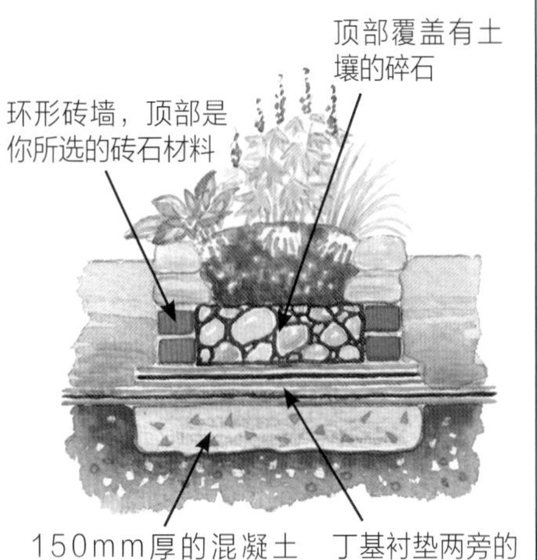

更多小岛创意

现有池塘中的沙袋 排干池塘，放满聚丙烯沙袋，修建一道环形墙，墙壁两边都向下倾斜，更像是个截棱锥（为了提高支撑力度）。在围墙顶部覆盖土壤。

现有池塘中的容器 在砖块或石块上摆放盆栽植物。按照植物的生长需求，调整盆栽在水中的深浅。

漂浮的鸭舍小岛 制作一个开放式的筏子大小的盒子，在里面放满各种塑料容器。用一两根绳子绑住，成为可以在水中自由漂浮的鸭舍。

池塘雕塑

怎么才能打造出好的雕塑?

你可以选择任何你喜欢的雕塑，传统如经典的裸体雕塑或更加别出心裁的亮色混凝土砖、旧铁轮或一堆旧喷壶都是不错的选择。只要你喜欢，而且不会影响邻里关系，也不会污染池塘，那么这就是适合你家庭院的雕塑。看一看庭院中心、建筑场地、锯木厂、美术馆、废金属工厂和建筑废品回收场里有哪些类型的雕塑。

一些常见的池塘装饰物

特殊的岩石

模拟天然泉水的岩石喷泉，十分适合安静地冥想。

日本鹤

在日本，鹤象征着长寿与平和。

经典人物

这座希腊神话人物般的雕塑非常适合多水的环境。

日式灯笼

在日式庭院中，石灯笼代表指引前进道路的明灯。

池塘雕塑的选择

具象雕塑 栩栩如生的雕塑

➘栩栩如生的雕塑总有些独特的地方能给予你启发，无论是经典人物、孩子、动物，还是鸟儿。寻找一个你看到它便觉得很舒服的精致雕塑。

抽象雕塑 象征性雕塑

➘好的抽象雕塑应该会让你想知道它代表什么意义。在图示的水中雕塑中，为什么这组石板雕塑中有两片高于其他的？是不是在模仿蜗牛壳？

大卵石、矗立的石头、化石、浮木和树干 代表着自然气息的材料

➘最简单的雕塑就是从自然中收集而来的。谁能质疑一根浮木、一块覆盖满苔藓的石头或者一块古老的化石不是庭院中引人注目的景色？这样的材料不会代表任何东西，它只是代表它自身。如果你在上次度假或工作期间发现了这种材料，它会让你想起了某段特别的时间或某个特别的地方，那它就别有价值。

打造你自己的池塘雕塑

亲手做模型 如果你总想试一试亲手制作雕塑，那这就是最佳时机。你可以用黏土做一个雕塑，用火烧铸形。还可以用水泥、玻璃纤维或石膏亲手做具象或抽象雕塑。

组装回收物件 你可以用诸如小石头、机械零件之类的系列组件做雕像。或者寻找一根石柱、几块石板以及几块形状有趣的小石子，然后制作日式石灯笼。

没有池塘也可以有雕塑

如果你希望摆放雕塑，但因池塘造价昂贵，或考虑到家中孩童的安全而放弃修建池塘，那就修建一个水泵—水坑雕塑（见第68～81页“小水景”部分）。

鸟类

池塘的乐趣包括它可以吸引各种各样的野生动物，水几乎可以吸引任何会扭动、爬行、游泳和飞行的动物。藻类植物在温暖的水中生长，小昆虫在藻类植物上茁壮成长，蜻蜓吃掉昆虫，如此循环下去。这种“吃和被吃”的链条最终的结果就是你能看到形形色色的有趣的生物，尤其是鸟类。如果你提供了一座池塘，大自然就会为你“送来”小鸟。

我喜欢鸟类，如何将它们吸引到我的池塘呢？

吸引鸟类到你家庭院的办法

栖息石 在池塘周围放置岩石，画眉等鸟儿可以在上面撬开蜗牛。

浅水 浅水缓坡区适合鸭子和小鸟浸在水中。

掩蔽处 矮掩蔽处（比如狗屋或朝上的半截水桶）可以让大多数鸟儿有安全感。

喂鸟器 养成在喂鸟器上放鸟食的习惯。

天然池塘，有木筏、雕塑鸭，看上去非常赏心悦目，能够吸引野鸭过来。

鸟类友好型池塘

鸟类喜欢带有大量泥和温暖浅水域的天然池塘，所以在池塘周围种植各种灯心草、蕨类植物和青草吧。如果你真的很喜欢鸟类，你还可以购买一些水蜗牛。茂密的植物将会吸引很多青蛙、蝾螈和昆虫，水蜗牛会吃掉植物碎屑，保持水体清澈；这时鸟类会出现，它们会尽力吃掉大量的动植物。绝对不要让化肥渗透到池塘中，除草剂和化学喷雾都要离池塘远一点使用。

养鸭子

如果你考虑养鸭子，有一些现实问题需要面对。鸭子很有趣，它们的行为很搞笑，小鸭子看起来很漂亮，而且不会危及孩子的安全。但是鸭子需要大量的生活空间。它们会把水中和陆地上弄得乱七八糟，它们大而平的脚掌会损坏池塘边的植物，你需要在晚上将它们锁在鸭舍里，早上再放它们出来。

如果你在找木头建鸭舍，或希望买到现成的鸭舍，要确保木头要么未经处理，要么用安全的防腐剂处理过，对鱼类、水，当然还有鸭子完全无害。不要一次性买很多鸭子，除非你已经决定买哪些鸭种，比如北京鸭、艾尔斯伯里鸭或疣鼻栖鸭，然后为鸭子选择适合其品种、大小和特点的设计。

最好的鸭子和水禽居舍自然是由专业公司来搭建的。请留意居舍是如何搭建在水中或水附近的，来阻止潜在的捕食者。

改造已有池塘

我很不喜欢我家现在的池塘，能改动一下吗？

改变总有可能为现有的池塘带来更多活力。无论你家池塘情况如何，是用品质低劣的聚氯乙烯建造的，还是混凝土有了裂缝渗干了池塘里的水，或者池塘里全是泥和草，都可以通过改造让它获得重生。其间的工作可能很辛苦、很泥泞，你或许要跪在泥里，或四处摸爬拯救缺氧的鱼，不过话说回来，这同样是在庭院里修建池塘其中一半的乐趣和刺激所在，是不是？

改造池塘的办法

如果你家池塘很陈旧，边缘崩坏或铺筑的混凝土很破旧，不要灰心丧气，因为都有办法挽救。

- 如果你家天然池塘边缘铺砌的路面支离破碎，那就种一排植物作边界。
- 如果你家是天然池塘，不妨在下雨时观察一下哪侧溢水，然后就在那一边借助潮湿的环境修建沼泽庭院，最终会长出大量茂密的植物。
- 在池塘光照充足的一侧修建平台。
- 用大卵石和小卵石铺在池塘周围，打造成岸滩。
- 安装水景，比如喷泉或日式惊鹿，也可以再在旁边修建一个池塘，两个池塘之间由一个瀑布相连。
- 如果你已为人父母或祖父母，则可以排干池塘，在里面填满沙子，做成沙坑，更加安全。

清理

如果混凝土或丁基衬垫池塘不渗水，但是长满了植物、积满了杂物，那么就需要将池塘清理干净。先挪走盆栽植物，清理藻类植物，轻轻地在流水下清洗植物。用塑料桶将池塘里的泥铲出来。将鱼、蜗牛和青蛙放进旧水缸或浴盆里妥善保护好它们，然后清洗池塘。最后，将池塘重新放满水，仔细把植物和野生动物放回去。

改变池塘边缘和周边区域

边缘和表面

➔ 改变池塘最快捷的方式就是改造边缘与邻近的区域。破碎的混凝土路面可以铺上木甲板或改造成岸滩，零乱的植草地带可以变成露台，诸如此类。

➚ 利用岸滩和池塘边木甲板平台，再加上几组景观石和盆栽植物，成功改造了破裂的铺砌路面边缘。

➚ 茂密的沼泽区域和蔓延至水边的草坪，为设计普通的规则下沉池塘带来了新生。

池塘环绕物的选择

自然风格 自然的周边环境可能表现为茂密的沼泽，铺满了大小卵石的岸滩、岩石以及蕨类植物和苔藓的区域。

砖块和铺路材料 这些可以打造功能性建筑设计的材料，可与露台和墙体这样的景观相融合。

木材 木材可以直接打造成倒伏的树木（就像日式池塘那样），也可以利用枕木和木板，打造出木甲板平台和码头。

池塘边的植物

常见的规则式下沉池塘的周围是铺砌而成的，这是这种池塘的通病。改造它们最简便的方式就是除去铺路材料，然后重新为池塘边缘铺上土壤，大量种植植物。利用植物模糊池塘边缘，这样就能与周边环境融合。允许池塘一边能够溢水，这片区域就可以变成沼泽区了。

装饰和雕塑

通过增加一些合适的装饰物，能够将单调乏味的池塘周边景色改造成令人兴奋、富有活力的景色。

容器景观见第68页。

排水口见第72～73页。

雕塑水景见第78～79页。

DIY创意雕塑见第80～81页。

修缮古老天然池塘的结构

如果池塘在渗水（不管是混凝土底还是低劣的聚氯乙烯衬底），最佳的修缮方法就是重新换一块丁基衬垫。流程是先清理整个池塘，并将其擦拭干净；搬走所有边缘尖利或突出的东西，清理边缘；在整片区域铺一层土工织布，上面再铺一层丁基橡胶；在丁基衬垫的边缘铺一层土工织布的边角料；埋好衬垫边缘，重新铺设土壤，重新在周围区域种植植物，这样衬垫的边缘就彻底隐藏起来了。最后重新在池塘里放满水饲养动物、种植植物。

缩小、扩大和重新修整池塘

你可以在池塘里填一些岩石、植物、雕塑，或修建木甲板平台覆盖池塘的一部分，以此缩小池塘的面积。

扩大池塘的方式有很多种，你可以在池塘边规划沼泽区，让池塘在视觉上看起来会更大；在第一个池塘旁再修建一个池塘，或者也可以增加不同的水景，比如瀑布和喷泉。

改造池塘，可以选择如前所述的任何一种方式。扩大和改造池塘最有冲击力的方式是再修建一个与头一个池塘相接的池塘，其中一个处在比水平面稍微低一点的地方。让水溢出来，打造出水坝的效果。

移植或去除植物

有时候一个池塘里的植物生长会失衡，比如鸢尾或粉绿狐尾藻过多。当然，如果你喜欢鸢尾，而且它们生长良好，那么你可以专门种植这一种植物，寻找所有知名品种和花色的鸢尾，打造成一种特别的景色。另外，等到秋天来临，移除某些生长旺盛的植物，再引入其他品种。

处理和移除鱼

如果鱼类看起来很欢乐，比如在温暖的天气里在水中游来游去，数量也有所增长，那就别管它们。如果你想从池塘里移除鱼，要轻轻用网将它们网出来，然后放入一桶池塘水里。用湿毛巾盖住桶，尽快将它们放到面积更大的水域中。

什么时候最好不管池塘？

如果鱼类很活跃，植物在繁殖，野生动物状态也很好，那就不用管池塘。即使池塘里可能有过多灯心草或青蛙的数量有点失控，最好还是接受池塘是这个样子。一个看起来如同荒废了50年的池塘的样子也别有一番韵味。

改造池塘以保护孩子

孩子的安全最重要。有几个将现有池塘打造或改造得更安全的方法。

- 在整个池塘周围设置儿童安全栅栏，再加一把锁。
- 将鸭子和鸭舍引到池塘边，在整个区域周围设置栅栏并锁好门，防止孩子进入。
- 用密编织网覆盖在池塘上，固定在水面以下，并确保其足以支撑一个孩子的重量。
- 延伸池塘边界，这样孩子就需要穿过一大片泥泞地，才能靠近水边。
- 在池塘里填满土，将其改造成大型沼泽庭院。
- 在池塘里填满沙子，将其改造成儿童沙坑。

记住：孩子如果掉到水里，生还的概率很小，会在瞬间溺水身亡。**一定要设置保障措施！**

池塘景观

你可以增加某类景观来改造池塘。喷泉很漂亮，会为水中充氧，保持水质清澈，为植物提供更好的生长条件。人物雕像或喂鸟器之类的池塘装饰物能显著改变池塘的视觉效果。跌水或瀑布会为水中注氧，还可以增加新景象和声音，非常适合枯燥乏味的池塘。

喷泉

带喷泉的雕塑非常美观，而且会为水中注氧（见第50～51页）。

池塘装饰物

喂鸟器、盆栽植物之类的池塘装饰物可以增添乐趣（见第78～81页）。

跌水和瀑布

跌水或瀑布可改造令人厌倦的沉闷池塘，如果你喜欢流动的水体，那就再合适不过了（见第52～53页）。

盆景池塘

我家庭院很小，这样我还能建池塘吗？

如果你非常想建一处水景，但你家庭院又非常小，或许是个城市中的小阳台或小露台，刚好能坐下而已，更别提有空间修建池塘了，那么盆景池塘就是一个比较合适的选择。如果空间足以放下一个水桶、水箱、旧水槽、饲料槽，甚至是一堆大陶瓷罐，那么就有足够的空间打造功能完备的微型池塘，在里面种上植物，很快就会吸引野生动物前来。

水缸和周围分组摆放的盆栽植物，营造出了一种有趣的效果，如果你只有一个小露台或梯级庭院，这就很适合。

准备容器

木桶

↘ 找真正带铁箍的橡木水桶，在铁箍外向桶壁钻螺丝钉，将其与木桶固定好。在桶里装满水浸泡，让木头在铁箍内膨胀起来，达到木桶封闭不透水的效果。

使用真正带铁箍的木桶，而不是低劣的人造品。

陶瓷罐

寻找里外上过釉的宽边罐子，底部没有洞（如果底部有洞，用软木塞塞住，盛满水，等到软木塞膨胀起来罐子就密不透水了）。重复灌满水，连续七天，除去杂物和上釉的化学物质，之后再养植物或动物。

在水缸内种植

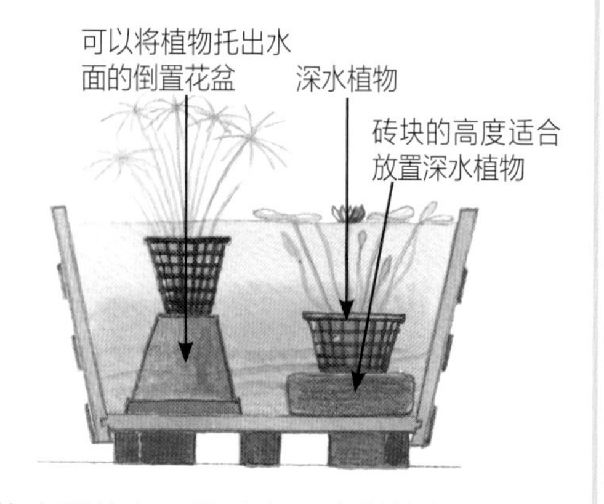

↗ 将容器放在三块砖上，这样就离开了地面，在里面放3/4的水。在水里放一个或多个翻过来的花盆或砖块，根据距离水面的高低，选择不同习性的植物放入水中养护。

水缸植物

金鱼藻（*Ceratopyllum demersum*） 多年生落叶性造氧植物，长有螺旋状的叉状叶片。

日本萍蓬草（*Nuphar japonica*） 多年生落叶性漂浮植物，开有嫩黄色花朵。

变色鸢尾（*Iris versicolor*） 多年生落叶性挺水植物，开有紫蓝色花朵。

多数漂浮植物（见第43页）都很适合。

更多创意

大锅、桶、浴缸以及其他废弃的家居用品都可以改造成理想的池塘。

如果你愿意使用回收物件，可以寻找废金属桶、浴缸、水槽、喷壶、抽水马桶以及塑料垃圾桶。只要一个物件能盛水，那就适合改造成水缸。如果容器非常深，就非常适合深水植物生长。一组组的容器搭配起来非常吸引眼球，比如几个旧锅，外加几盆盆栽。

井、洗礼池和水槽

在古时候，很多人在田里耕作，居住在小而紧凑的乡村里。乡村风景包括村舍、果园、草地和草垛。井、泉和水槽令人回想起那个年代。传统庭院设计的重点是通过设计的场景让人们产生共鸣，庭院里的井，加上木瓦屋顶、摇柄和投入井中的桶，胜过千言万语。

为什么井、泉和水槽如此特别？

如何修建观赏性的井

常见的地上井直径需要在600～900mm，用砖砌成。地下部分则可将一个塑料垃圾桶挖个坑放进去，其边缘与地面齐平。沿垃圾桶的边缘上挖一个300mm×300mm的地基，用混凝土填充，然后在这个地基上修建齐腰高的砖墙。在垃圾桶里放满水，种上补氧植物，充分打造出一个阴湿深井的效果。

第4步
制作木制的辘轳和顶棚。
第3步
在这个地基上修建一道环形砖墙，所有砖块立着放。
第5步
可在顶棚再铺一层瓦片。
第2步
在垃圾桶边缘外侧挖一圈300mm深、300mm宽的沟渠，在沟里填灌注混凝土。
第1步
挖一个深度足以容纳耐用塑料垃圾桶的坑，其边缘与地面齐平。

警示

大多数孩子都很喜欢在井边玩耍，尤其是很深、很暗而且有点吓人的井。如果你家有孩子，记住要安装一个带搭扣和锁的重木盖。

更多关于井的信息

井的设计种类很多，有些井与地面齐平，安装了辘轳和水槽，有些井建有屋顶，围有一圈小尖桩篱栅。

如果你想在庭院中进一步完善并打造出古老而传统的井的视觉效果，你可以添置木桶、长长的耐用井绳以及带有摇柄的大木辘轳，增添古色古香的气息。

收集特色水容器

如果你在找特色的水容器，可以去废品厂，或者最好可以去农贸市场，旧水槽、贮水器、饮水槽就是完美的选择。不要担心容器底有孔，因为很容易就可以修补好。一定要检查容器是否残留有害物质，避免产生危险，也容易影响植物生长。

使用泉和水槽的办法

一个简单的石槽，注满水再种上绿植，就是不错的风景。

一个大石盆放在齐腰高的石柱上，看起来像是教堂洗礼池。

一个镀锌水槽摆放在红砖墙边，让庭院更美观。

这类风格的石槽无论放在什么风格的院子里都非常合适。

卵石喷泉

什么是卵石喷泉?

卵石喷泉可以理解为用卵石、大卵石和砾石为主要特色设计而成的小喷泉。卵石喷泉是石头和流水的独特又美丽的组合，灵感来自于大自然，试想水流过阳光普照的沙滩卵石，与石头轻撞发出哗啦啦的响声，卵石在浅浅的河床上闪闪发光。

创意和选择

卵石喷泉是模拟大海、泉水和小溪这样的自然景观打造出的视听画面，其整体理念是利用石头和流水打造让人宁静平和的环境。卵石喷泉有无数种设计，可以让水留经巨型岩石表面，然后流过一堆卵石；也可以让水掠过一块处理过的石头，比如旧石盆或旧磨石。回想你的童年时代，是如何从戏水中收获简单快乐的；安装一个水泵—水坑喷泉，观察卵石和水的相互作用，可以重现那种乐趣，简单地布置一下，就会产生极好的效果。

如果你家里有小孩，卵石喷泉尤其适合，因为这个结构比池塘更加安全。图中喷泉围了一圈圆木，与庭院中的“林地”区域完美融合在了一起。

如何修建卵石喷泉

↙↘ 卵石喷泉由大小不一的石头（左图）组成。也可以用泥塑石（沙子、水泥和泥炭藓的混合物浇筑而成），制作时只需挖一个符合你需求的形状的坑，中间插一根铜管，然后注满泥塑混合物，等其凝固后挖走周围的土壤，刨出泥塑石，稍加修饰即可使用。

第5步
在大圆石周围放置各种大卵石和小卵石，掩盖石板和水坑等人工痕迹。

第4步
用一块较小的石头彻底挡住喷水铜管。

第3步
用软管把水泵和喷水的铜管连接，在铜管周围铺大圆石，也可以在大圆石上钻孔让铜管穿过。

第1步
挖一个坑，安装好塑料水桶，再将池盖和水泵放置到位。

第2步
在水坑上铺一块混凝土板，承担大圆石的重量。

泥塑石

一块中空处有钻孔卵石的泥塑圆石

泥塑的配方是沙子、水泥和泥炭藓比例为1∶1∶4。如果你想要一块特别大的圆石，那么你就需要很多朋友帮你一起把它从坑里搬出来。

如何修建磨石喷泉

一个磨石喷泉，低矮的放射状喷洒方式，非常适合无掩蔽的多风地带。各种各样的卵石和砾石装饰了周边区域。

←↘ 这种景观的打造过程非常直接。水泵将水从磨石中央的喷泉头压出，水以放射状喷洒并落在磨石和周围的卵石上，最终渗回水坑中。这种景观有两个优点：伸缩式喷泉头可以很容易按照磨石厚度调整高矮，细密的圆形落水也就表明你不需要再在水坑边缘安装遮挡水花溅起的檐台。如果你想要在庭院中的某个区域打造精致又不昂贵的景观，也不用挖土铺设高地打造流水落差，这就是非常合适的选择。

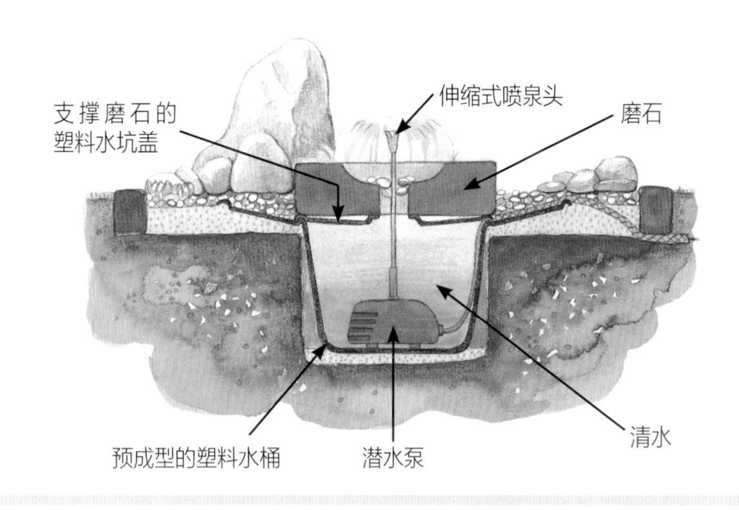

更多独立小型喷泉景观

独立喷泉的创意之多，可与园艺师的数量相媲美。如果挖一个跟桶一般大的坑，再准备一个普通的水泵，就有无限的可能性。

喷泉可以用任何不怕受水侵蚀的东西装饰，比如岩石、雕塑、玻璃砖、贝壳、瓷砖以及铸铁物件。

小雕像喷泉

↗ 一个精心打造的传统小雕像喷泉尤其适合小庭院。

钻孔卵石喷泉

↗ 水轻轻地从特大号的钻孔景观石里汩汩冒出来，打造出一种凉爽的自然泉水的意境。

日式粗琢石喷泉

↙ 粗凿石盆和永恒的水流说明这是个适合休息和冥想的安宁的地方。

盈满的罐子喷泉

↙ 盈满的罐子象征着精致、丰富的生活，产生一种美酒自由流淌的场景。

面具壁泉

哪里最适合安装面具壁泉？

如果你想在庭院中留出一小片区域，作为安静沉思的地方，那么你可以考虑安装面具壁泉。这种不太引人瞩目的水景伴着水流轻轻流动产生的令人放松的声音，阳光的照射令水闪烁着亮晶晶的光点，可以让庭院的氛围更加惬意。

如何修建面具壁泉

➘➔ 研究你家庭院的环境，如你家庭院避风、有掩蔽的角落里有一道墙壁，或者你家没有合适的墙壁，是否能在合适的位置砌一面墙。不管是以上哪种情况，你都需要在墙根处留出修建蓄水池的空间。你也可以用现成的容器改造成蓄水池。排水口包括一个安装在蓄水池中的水泵，水泵与爬上墙体并进入面具的输水管相连。

已有池塘或水槽

如果你可以利用现成的贮水器、水坑、水池、饲料槽或旧浴缸作蓄水池，那么就已经减少了大量的工作量。如果你家有个永久性容器，但不太好看，那么你可以将它埋在地里。

用砖块和独特的瓷砖打造出非常美观的蓄水池，辅之以一圈盆栽。

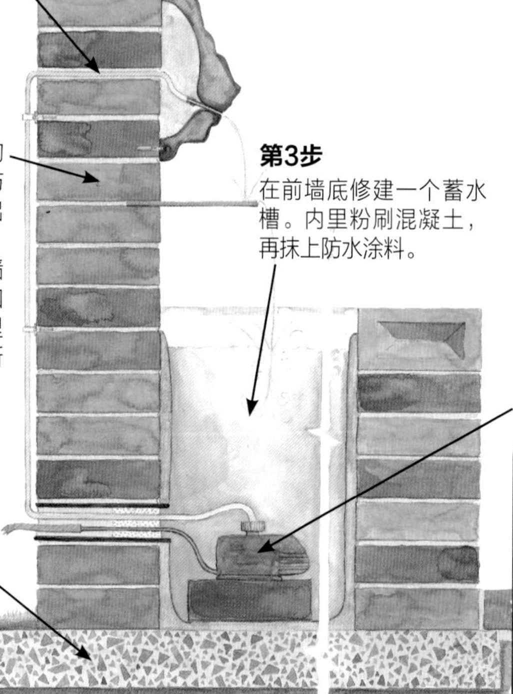

第5步
将给水管道的末端引至墙上，一直到面具口。

第2步
修建约与人齐头高的墙壁，在底部中心与水泵相连的地方留出两个给水管道的孔，管道向上延伸至墙顶，伸进面具里。如有必要，可在前墙里嵌入一块石板，打断从面具流出来的水。

第3步
在前墙底修建一个蓄水槽。内里粉刷混凝土，再抹上防水涂料。

第4步
将水泵安装在蓄水槽内，通过墙上预留的孔接好给水管道和供电系统。

第1步
挖好深200mm的地基，在里面铺一块混凝土板。

砖

试着利用整砖设计该项目，就能免去切割的工作。在灰泥变干和变脆之前（灰泥感觉变得沙质），不要尝试清理一层层的砖之间溢出的灰泥。

水泵功率

测量水面至面具口部的垂直距离（头高）。考虑到管道内的摩擦力，应多留出50mm，然后购买适合的低压潜水泵。同时购买与水泵相配套的给水管道。

院子

如果你有一个院子，还有上了年头的院墙，你只需要修建一个蓄水池。如果你不想破坏毗连的铺砌路面，那就可以将饲料槽或贮水器作为蓄水池。

考虑其风格

如果你不想使用面具，那么可以换一些你喜欢的物品，比如安装在旧水槽、桶、浴盆上的古董水龙头，都是有趣的选择，不过有的客人可能会试着关掉它！

墙壁的问题

不要用住宅的墙体，最理想的是利用齐头高的院墙。如果由于邻居的问题，你无法将管道从墙壁里穿过，那就在墙面凿出可嵌入一个窄轨的铜质输送管道的凹痕，并用灰泥或悬挂的装饰物再遮住管道。

一个简单的面具壁泉

如果你想要可以轻松搞定还不会破坏现有的结构，而且几个小时就可以完成的水景，那就试试这个简单的方案。

你需要一个贮水器或饲料槽作为蓄水池，还需要水泵、塑料给水管道、陶瓷或塑料树脂面具、木制格子架以及几盆藤蔓植物盆栽。将格子架固定在现有的墙壁或木棚上。将蓄水池安装在格子架前面，蓄水池里放好水泵。从水泵上接出给水管道，从格子架后面往上并穿过面具。

其他壁挂面具和设计

远古面具

异教绿人，多叶的藻类构成了其头部轮廓并向嘴里蜿蜒。

野兽面具

与真狮1：1比例的狮子头面具，有着蓬松的鬃毛和逼真而夸张的面部。

元素面具

代表风的雕像，也有太阳、月亮和星星面具。

经典面具

罗马水神，这个人物造型尤其适合作面具壁泉。

阻断水流

➔ 如果你想营造出更为惊艳的效果，水流更为湍急，飞溅更加激烈，你可以增加一个碗状容器来阻断水流。有些面具自带一个碗，组成完整的功能体，小水泵直接安装在碗里。不过，你可以在更大一点的蓄水池里安装这套装置，这样水会先流进碗里，再飞溅入蓄水池中。在墙上嵌入一块瓦片也可以打造出同样的效果。

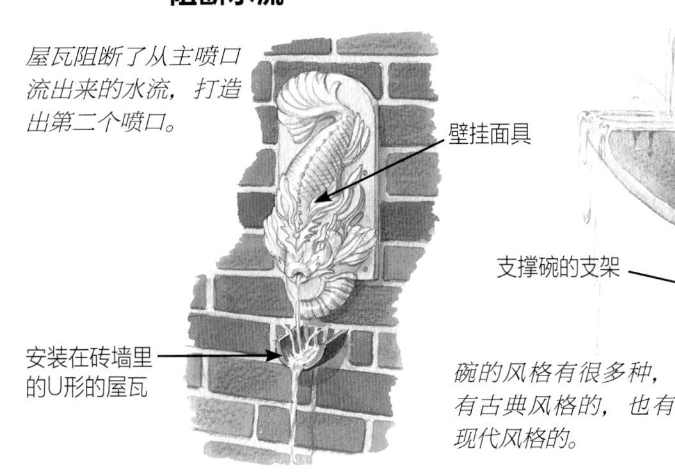

屋瓦阻断了从主喷口流出来的水流，打造出第二个喷口。

碗的风格有很多种，有古典风格的，也有现代风格的。

日式水景

日式水景适合我家吗?

有很多源自日本的水景能够与不同风格的庭院完美融合，无论这些庭院是否具有日式风格。有简单的充满水的手水钵（chozubachi），可以发生出清脆琴音的水琴窟（suikinkutsu），还有更加显眼的惊鹿（shishi-odoshi），水从竹管里涓涓流出，竹子受重力影响而敲击成声，打造出一种类似跷跷板的活动装置。

如何修建惊鹿

一个位于池塘边的惊鹿。水从池塘里泵压出来，注入竹筒中。

↑↗你需要两根竹子：一根长2m，直径60mm，做成给水竹架；另一根长4m，直径120mm做击石竹架。水从池塘里压上来，穿过给水竹筒，然后从竹管里流入朝上的空心竹击石竹筒。当水满之后，平衡点向池塘倾斜，水注回池塘内（相当于水坑）。击石竹筒的末端落回敲击石，发出清脆的撞击声，然后这一连串的动作会一再重复。

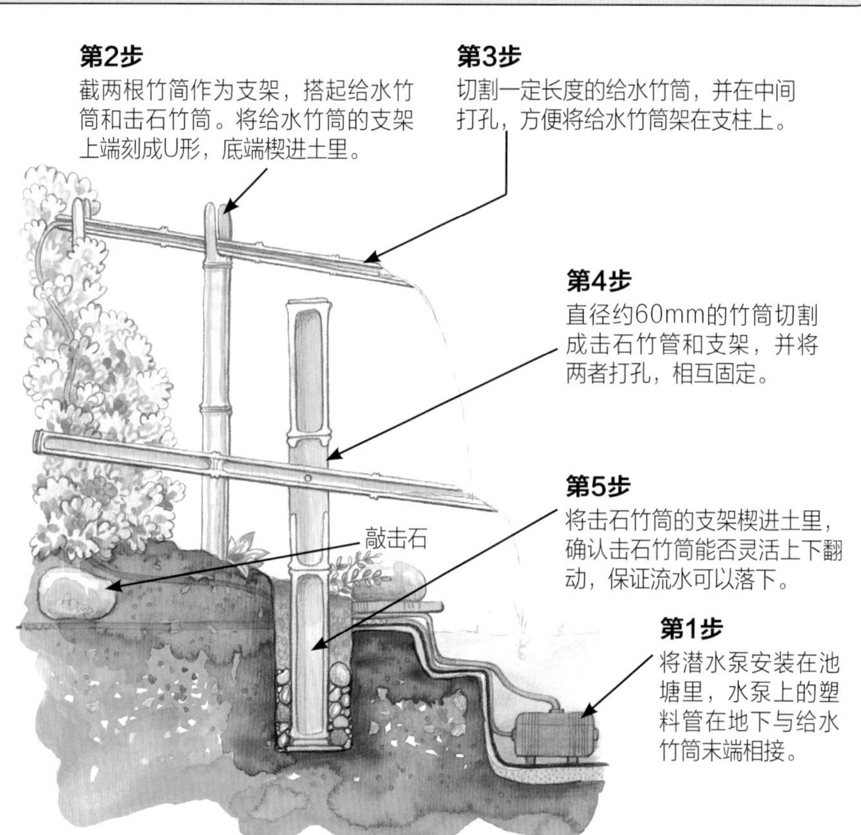

第2步
截两根竹筒作为支架，搭起给水竹筒和击石竹筒。将给水竹筒的支架上端刻成U形，底端楔进土里。
第3步
切割一定长度的给水竹筒，并在中间打孔，方便将给水竹筒架在支柱上。
第4步
直径约60mm的竹筒切割成击石竹管和支架，并将两者打孔，相互固定。
第5步
将击石竹筒的支架楔进土里，确认击石竹筒能否灵活上下翻动，保证流水可以落下。
敲击石
第1步
将潜水泵安装在池塘里，水泵上的塑料管在地下与给水竹筒末端相接。

其他水坑装置（适合没有池塘的庭院）

➔ 在地里安装一个预成型的塑料水桶，辅之以水泵、塑料供水管道，以及全方位的衬垫檐，以接住所有溅起来的水。如上所述安装惊鹿，这次击石竹筒能够让水直接落在挡板石上，然后再流回水坑。

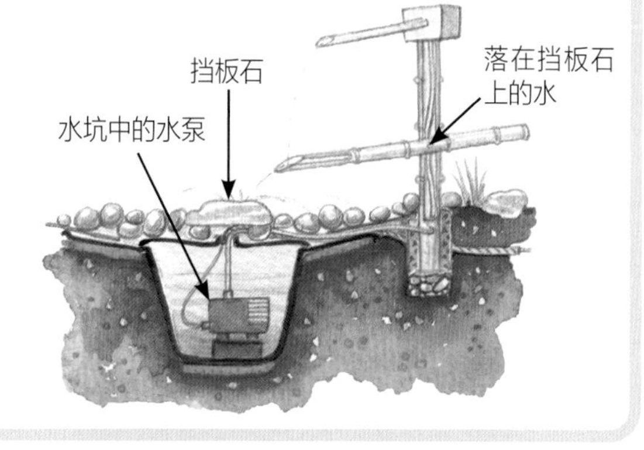

其他形式的惊鹿

一个头朝前的定向注水装置击石竹筒的前端人水口与水流流向对齐。

一个更有设计感的H形支架惊鹿，后面有一块大敲击石。

给水竹筒和击石竹筒共享一个支架，适合小型池塘。

与手水钵结合的，具有浓厚日式风格的惊鹿。

日本风格水景

水琴窟石
带回音室的水池

➔ 水琴窟作为一种排水系统，它会发出如琴音般清脆的声音。水从手水钵里溢出来，滴落进埋在地下的大罐子里。水稳定地滴落，声音引人遐思。

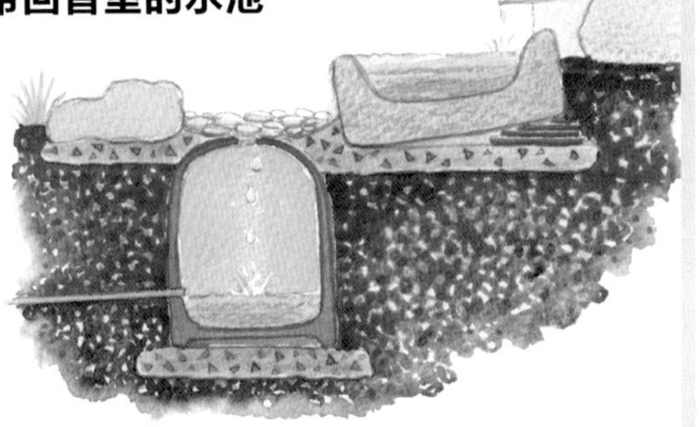

蹲踞石
矮盆

➔ 蹲距是客人在进入茶室之前，经过院子时，在此处洗手漱口，以达到清净身心的目的。

水石
泥塑水池

➔ 水石是一种模拟天然水池的水景，更像是一块基石。此处所说的水石是英式和传统日式的结合，它是由泥塑制成的（泥塑一种水泥、沙子和泥炭藓的混合物）。这种水池很容易制作，鸟儿会很喜欢它。

日式庭院中的水

在简易的木板桥上增加一排竹制扶手，再搭配特色捆扎法，就可以轻松为庭院加强日式风格。

水是传统日式庭院不可或缺的元素。池塘、小溪、水池、跌水、踏脚石、桥都有助于打造这种特殊的氛围。

西方人往往偏爱池塘和静态水景，原因是其一般不会发出声音，比如西方人很喜欢池塘，是因为觉得它很浪漫。然而，日本人则对庭院中的一切赋予了更多象征和精神寄托。例如，小溪象征着生命力，水池能让人精神焕发，桥是做决定的地方，石头代表着山脉，倾斜的砂砾代表着流水，石灯笼照亮我们的前路，诸如此类。总之，日本人修建水景，是因为他们想打造冥想的圣地。

岩池和岩溪

我可以在假山上设计哪种水景？

假山非常适合设计一条小溪和一连串的水池。小溪是一种非常窄、流速缓慢的溪流。在庭院设计中，小溪通常用来与建好的池塘相连，打造出快速流动的微型水景。不过，如果没有现成的池塘（或确实要从头建一座假山），在假山上修建水景也非常适合，挖好水池，安装水泵，大部分的工作都跟之前的项目一样。

水池和小溪如何融入现有的假山中

对于一个典型的采用岩石和土堆修建而成的假山来说，设计小溪首先要确认确定最高点和最低点，在两点处挖两个浅水池。矮一点的水池要足以容纳一个小型水泵。在两个水池之间挖一条之字形路线。将电缆管道和供水管道铺设好。在挖掘区域内铺PVC衬垫，由高到低，衬垫底部应依次叠压，这样水流流过时就不会渗入土中。再在PVC衬垫上铺上卵石和沙砾。最后安装水泵，在水池中放满水即可。

如果你家庭院中的假山比较古板，缺乏新意，那么小溪就可以带来截然不同的新体验。

设计要点

规模 小溪需要建的小一点、流速快一点，而且要按照之字形修建。可以利用斜坡设置台阶，打造出岩池的效果。

岩石的选择和布置 可以考虑用岩石在小溪两侧筑起“河堤”，长满苔藓的岩石非常漂亮。

植物 你可以在干燥的假山上种丛生福禄考（*Phlox subulata*），在潮湿的岩石上种苔藓，在小溪两侧种植诸如欧紫萁（*Osmunda regalis*）和根叶过山蕨（*Asplenium rhizophyllum*）之类的蕨类植物。

如何修建带水池和小溪的假山

第2步
铺好管道。将PVC衬垫从顶部的头池一直往下铺到沟渠和底下的蓄水池里。

第4步
在干燥的假山和潮湿的沟渠两侧分别种植适合的植物。

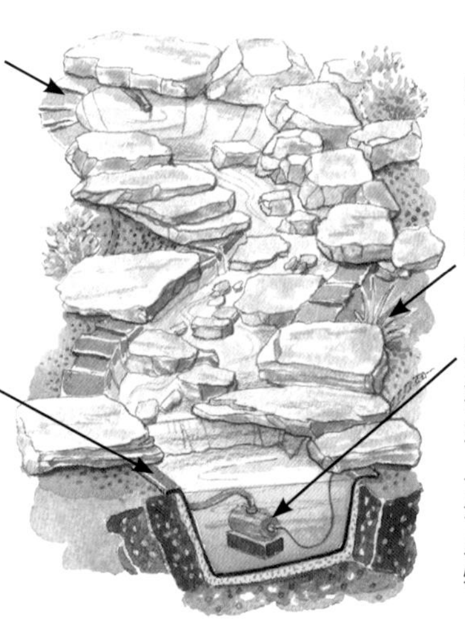

第1步
在溪流下游挖蓄水池时挖掘出来的土可用来改变场地坡度。

第3步
将水泵安装在蓄水池里。在衬垫上覆盖岩石、石头和砾石，留出几袋土供种植植物用。

➚ ➔ 决定头池和蓄水池的位置；挖好蓄水池，铺好衬垫。利用废土打造小溪的沟渠；掘土将水管埋起来；安装水泵；用石头、卵石、砾石和几袋土覆盖衬垫；在溪流两侧种植植物，在水池里放满水，打开电源。

水顺势流入蓄水池中，然后水泵再将水抽至斜坡顶的头池中，循环往复。

微型水景

微型水景最佳的定义是一种独立、简洁又充满活力的水景。它可以是个在光照充足的阳台上的太阳能小水磨，也可以是个用几个瓷罐、一台水泵和很多卵石做成的DIY装置。

什么是微型水景?

微型水景的设计

一个“海滨喷泉”，搭配具有海滨风格的东西，比如浮木、贝壳、海藻和卵石。

一个微型磨石，底下有一个冒泡的喷泉口，喷出来的水会漫流过磨石。

一个微型喷泉，水流从一块钻过孔的大型特色石头中涌出。

一个木桶跌水景观，水从顶端流出，依次从水桶中溢出流回蓄水池，并再被泵回顶端。

如何打造微型喷泉

➘ 你需要两个瓷罐、一片PVC衬垫、一个带有伸缩喷嘴的小型潜水泵、一个花盆、一张铁丝网以及弹珠、卵石等。水抽上来，穿过喷泉头，溅落在上面的罐子里，溢出来流回到底下的蓄水罐中。选择瓷罐时要注意，断开电源后水会流积在底下的蓄水罐中，所以，底下的罐子容量必须足以容纳所有的水。

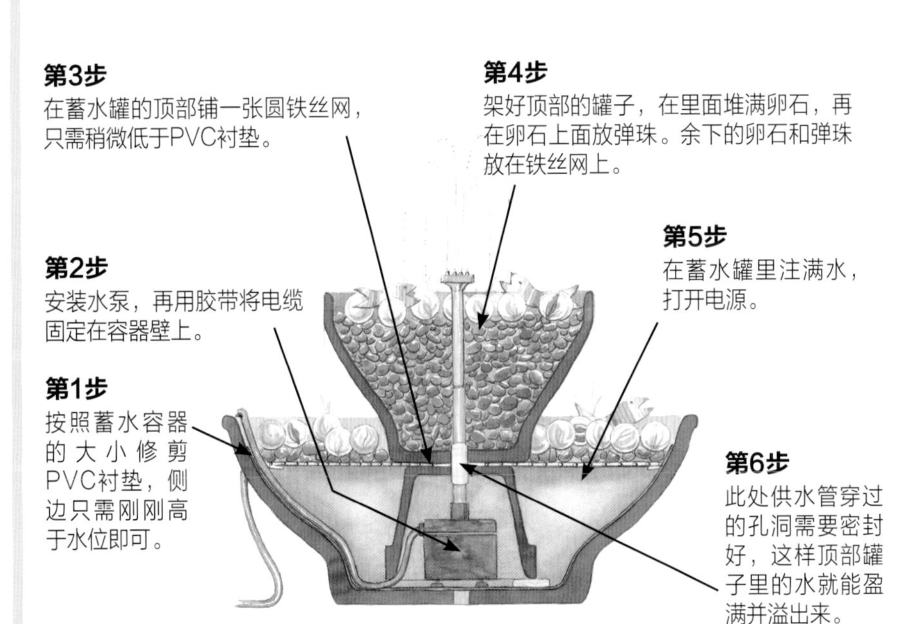

第3步
在蓄水罐的顶部铺一张圆铁丝网，只需稍微低于PVC衬垫。
第4步
架好顶部的罐子，在里面堆满卵石，再在卵石上面放弹珠。余下的卵石和弹珠放在铁丝网上。
第5步
在蓄水罐里注满水，打开电源。
第2步
安装水泵，再用胶带将电缆固定在容器壁上。
第1步
按照蓄水容器的大小修剪PVC衬垫，侧边只需刚刚高于水位即可。
第6步
此处供水管穿过的孔洞需要密封好，这样顶部罐子里的水就能盈满并溢出来。

这个美丽的小喷泉逐渐将顶部的罐子注满，然后溢出来，这样水就可以流过弹珠和黄铜金鱼，并沿着罐子边沿，流回蓄水罐中。

雕塑水景

如何打造雕塑水景?

虽然水是雕塑水景的一部分，但雕塑本身在水景中的作用更加重要。雕塑类型多样，可以是仅仅放置在水中的基石，就像传统的日式风格那样；可以是加工好的金属和玻璃盛水装置；也可以是模拟贝壳这样的天然景观。总之，雕塑水景有很多种可能。

出发点

确定一种你喜欢的风格，你或许可以从海滨、古典建筑、林间空地或废弃的工厂里汲取灵感，以此为基础在庭院中重现那种气氛。

你可以利用一大片风化的平板石，将其放在铺满了卵石的浅池中，整个布置的中心是石头，而不是水。你可以找一件能盛水或能立在水中的雕塑，也可以准备一截长满了青苔的树根设在池边。一些雕塑或老旧的物件本身就极具吸引力，你要做的不过是将其展示出来，如果使其表面部分潮湿，比如放在水中或水边，会产生更美观的效果。

池塘雕塑水景

此类水景的水是沉静不动的，没有水泵进行泵压、抽取。所以，如果你想要雕塑搭配流动的水，则应该考虑传统的雕像喷泉等使用水泵的景观设计方案（可参考第51页）。

自然风格设计

↗ 这种可以蓄接雨水的石钵灵感来自于日本和中国的传统风格，是一种微型水景。一块精心挑选的石头可以打造成令人惊艳的水景，作为中心景观，状似神龛，引人深思。

雕塑水景的自然风格设计一般归为两类：一类是由自然界里可找到的物件构成的水景，比如用石头或树枝以及加工而成的人物雕像、动物或植物自然表征物件。

另一类是采用铸造的金属雕塑，或人物雕像、枝叶等。除此之外还会有一些能体现出自然环境的人造物品。传统鸟浴池就是一种具有代表性的装饰，鸟浴池柱子上有个浅碗，用一些几何图案装饰，或许碗的中心还有个小雕像。

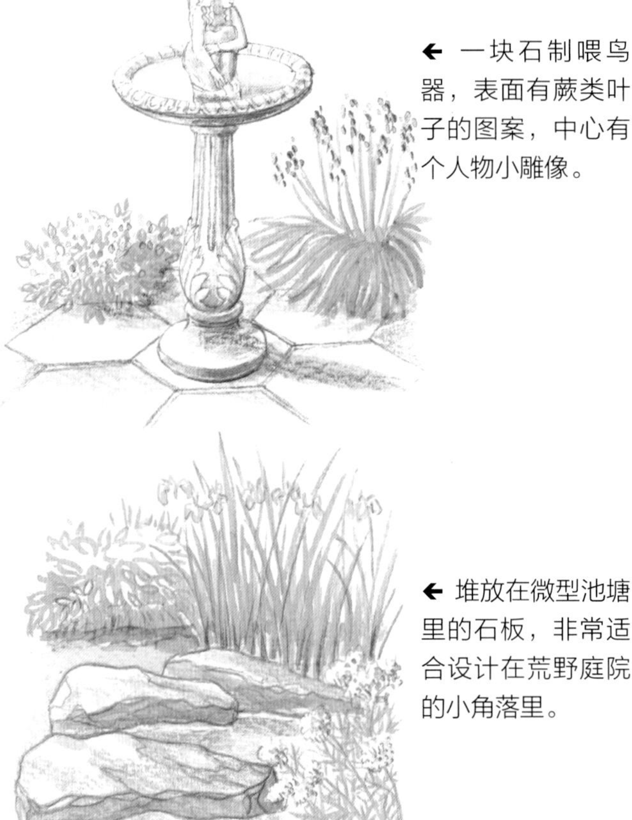

← 一块石制喂鸟器，表面有蕨类叶子的图案，中心有个人物小雕像。

← 堆放在微型池塘里的石板，非常适合设计在荒野庭院的小角落里。

抽象设计

抽象设计不追求模仿自然。比如，一个石立方体或石球就属于抽象设计，而刻成叶子形状的石头就属于自然主义。不过，也有些抽象设计的灵感来自于大自然。

很难说清楚为什么有些纯粹抽象的形态会带给我们一些截然不同的感观意象，而打造抽象设计雕塑的最好办法就是寻找会让你产生共鸣或引发联想的设计。如果你偶然间发现一个喜欢的物品，比如石圆盘或石立方体，那就研究一下它的形态，看有没有可能使其充当水景。它有没有可以盛水的凹面？它被打湿后，外观质地会不会具有欣赏价值？思考一下与你家庭院风格以及需要放置该雕塑的规划场地相关的问题。

↗ 这个抽象设计的特点是喷泉的主体由不规则石板堆砌而成，水流顺层下带来了不同凡响的视觉和听觉体验。

纯粹的抽象雕塑
灵感来自于几何图形的雕塑

↗ 一个用废水笼头装饰的鸟浴池，非常适合放在小池塘旁。

↗ 放在浅池中的巨型古董石球是大型城市庭院中非常亮眼的装饰。

象形雕塑
受大自然启发的雕塑

↗ 贝壳状的雕塑里面有卵石和贝壳，非常适合小孩子嬉戏，也可以当作鸟浴池。

↗ 灵感来自于种荚的石雕，底部有一个汩汩冒泡的喷泉。这种特色鲜明的景观适合复杂而规则的城市庭院。

雕塑和安全

搬运大块的石头和金属、将雕塑安放到位，这一系列过程可能非常危险，所以在进行这些工作时要相当小心。

结构优势　所有雕塑，无论是二手还是新打造的，都有其内在的结构完整性。要确保你所选的雕塑在结构上能够满足你想要达到的目的。

地基　大块的石头、金属和木材必须放置在结实的混凝土地基上，尤其是当目标场地靠近水域时更是如此。

危险　由于雕塑太重或太大，所以你可能需要别人帮忙才能放到合适的位置。如果要将雕塑放在水中，那么它会不会危及鱼类、污染水体或瓦解？如果雕塑是抛光过的石头，风化后该如何处理？

DIY创意水景

我如何将自己的想法融入庭院中？

如果你想充分发挥自己的想象力和创造力在庭院里打造别具特色的水景，试着DIY一件你脑海中的水景吧。或者，你喜欢摆弄木材、金属、石头，甚至是废弃的农业机械。你可以利用此类东西打造特色雕塑，或者是单纯放在水里就很好看的雕塑。

所有可能性

可能性有无数种，如果你喜欢某种材料或物件，而且使用起来非常安全，那不如就尝试一下。

废弃机械 废弃机械上的零碎部件、水泵和风机，都是极好的水景装饰。

竹（木）制品 尝试使用具有日式风格的竹制品；用原木搭桥；也可以摆放木头雕像。

金属制品 金属薄片，例如铜和黄铜可以轻易切割并塑形。适合当作容器、碗和雕像。

石制品 可用凿子雕刻石头，也可以将不同形状的石头组合起来。可以考虑日本石灯笼、雕像、喂鸟器、球体和锥体雕塑。

混凝土制品 混凝土可以通过浇筑、雕刻等方法打造成水槽、瓮、碗、雕像、石板、抽象形态、日本石灯笼、墙壁面具、球体、锥体和喷泉之类的特定结构。

一团废弃链条，周围是一圈矮树篱，打造出极好的形态，并改造成了动态的喷泉水景。

层叠流水景景观

在右图所示的铜制瀑布景观中，水抽至枕木顶部喷口涌出，从一连串铜板上落下，再流回蓄水池，如此循环往复。铜板可以换成其他材料，例如金属碗、回收的旧机械零件、废弃的洒水壶或者废弃的茶壶都很适合。

↗ 铜是一种外观好看且用途广泛的材料。图中一系列铜制杯焊接在主管上，打造出引人注目的双侧流水景观。

↗ 以几何形状为特色的流水景观，水从铜制三角形的漏斗里依次落下并流回到蓄水池内。

↘ 这个小瀑布水景从池塘里引水上来，它也可以安装在水坑上或水槽旁。

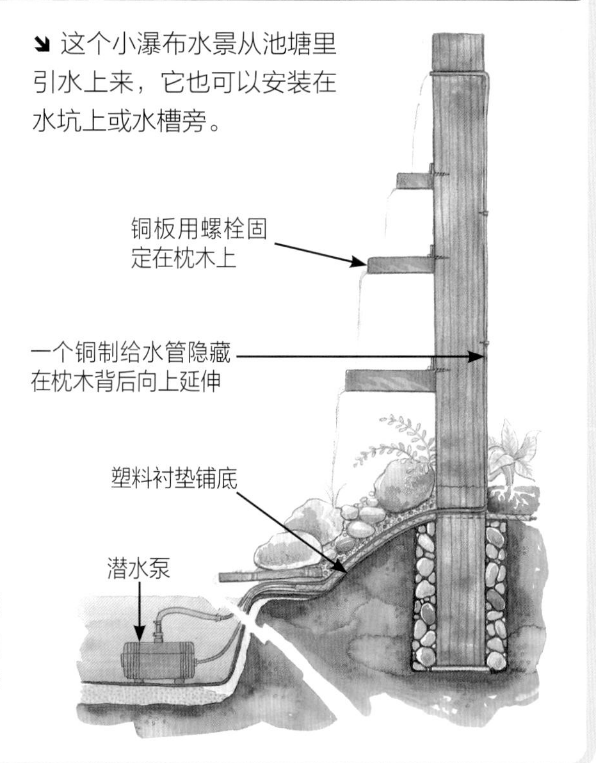

“谁没有关掉水龙头？”

“谁没有关掉水龙头？”主题水景有很多样式，有些带水泵，有些带水龙头。水由水泵从蓄水池中向上输送，通过水龙头流出再落回蓄水池中，造成了水龙头没关的错觉。这个水景非常逼真，以至于不清楚情况的人可能想去关上水龙头。你可以利用家里淘汰的旧水龙头，也可以购买黄铜水龙头、铁质水泵。记得不用安装垫圈，这样水龙头就关不上了。

← 旧木桶作为蓄水池，搭配一个铁质手动抽水泵。

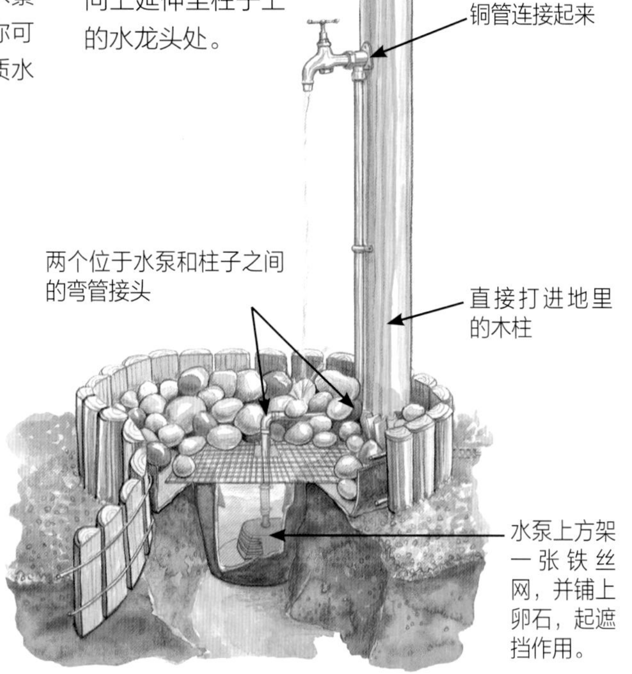

↘ 铜管与水泵相连向上延伸至柱子上的水龙头处。

水动力装置

水动力装置有很多类型，有的灵感来自于船螺旋桨或水磨，有的类似小孩子玩的风车。如果你对水动力装置很感兴趣，那不妨尝试一下这种设计。

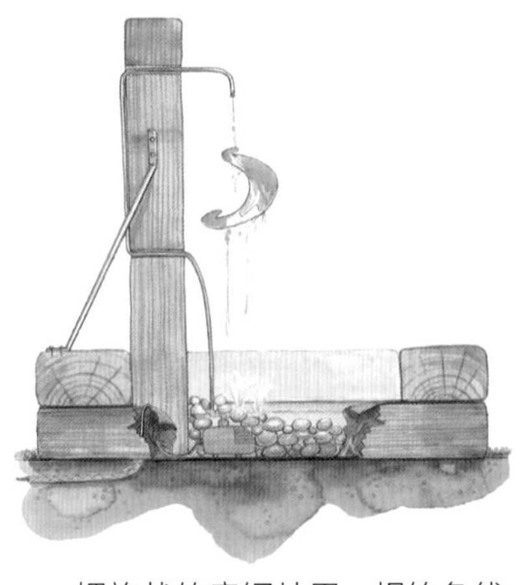

↗ 螺旋状的扁铜片用一根钓鱼线挂在出水口处，水流向下流时会让铜片旋转。

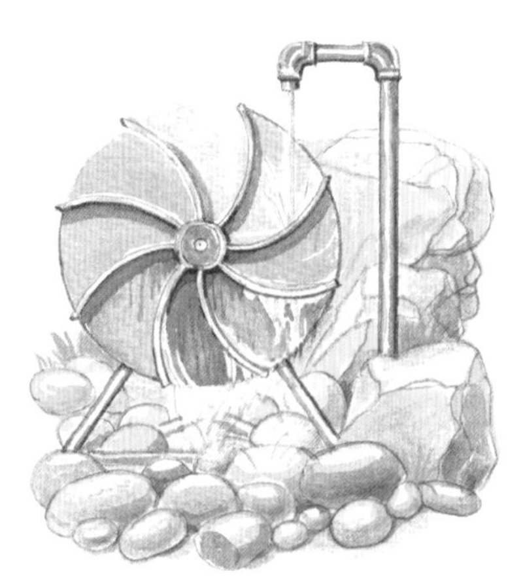

↗ 铜轮（就像孩子的风车）在水流的作用下旋转。

其他水动力装置

如果你擅长焊铁，你可以利用薄金属片片，比如铅或铜片。如果你喜欢木工活儿，你可以采用木材或者也可以采用竹子；如果你喜欢旧物件，你可以改造孩子的风车，或尝试塑料碗、金属罐之类的容器。我们见过用三个金属茶壶做成的水景，流水将一个茶壶注满水，茶壶以一个中心点倾斜，并将水转移至第二个茶壶中，如此类推。这种水景有很多令人惊喜的选择，无论你的创意是什么，制作模型并在流淌的水龙头底下试验是十分重要的。